Thomsen

Digitale Audiotechnik

In der Gruppe
Franzis Unterhaltungs-Elektronik
sind erschienen:

Jecklin, Musikaufnahmen
Prestin, Standardschaltungen der Rundfunk- und Fernsehtechnik
Sahm, HiFi-Lautsprecher
Webers, Bild und Ton synchron
Webers, Handbuch der Film- und Videotechnik
Webers, Tonstudiotechnik
Wezel, Video-Handbuch

Franzis Unterhaltungs-Elektronik

Dieter Thomsen

Digitale Audiotechnik

Grundlagen und Praxis der modernen Audiotechnik
und ihrer Systeme

Mit 155 Abbildungen und 10 Tabellen

Franzis'

CIP-Kurztitelaufnahme der Deutschen Bibliothek

Thomsen, Dieter:
Digitale Audiotechnik: Grundlagen u. Praxis d. modernen Audiotechnik u. ihrer Systeme / Dieter Thomsen. – München: Franzis, 1983.
(Franzis Unterhaltungs-Elektronik)
ISBN 3-7723-7151-5

Satz: SatzStudio Pfeifer, Germering
Druck: Franzis-Druck GmbH, Karlstr. 35, 8000 München 2
Printed in Germany · Imprimé en Allemagne.

ISBN 3-7723-7151-5

Vorwort

Die digitale Tonsignalverarbeitung war bis vor etwa einem Jahrzehnt fast ausschließlich eine Domäne der öffentlichen Dienste; als ein Beispiel großen Stils sei hier das Kommunikations-Netz-System PCM-30 der Deutschen Bundespost genannt. Anfang der siebziger Jahre begann man dann, sich im Tonstudiobereich mit digitalen Schaltungskonzepten für Zusatzeinrichtungen wie Nachhallgeräte zu befassen; einige Schallplattenfirmen sowie die BBC stellten erste Labormuster digitaler Tonbandmaschinen für den Eigenbedarf vor, noch waren Industrieprodukte dieser Art nicht auf dem Markt erhältlich.

Seit 1976 trat eine deutliche Beschleunigung der Entwicklung ein, in deren Verlauf sich serienmäßig gefertigte Zweispur- und Mehrkanalrecorder im Tonstudio, vor allem bei Aufnahmen klassischer Musik, durchsetzen konnten. Größtintegrierte Schaltungen und die damit zusammenhängende preisgünstige Massenproduktion werden in naher Zukunft auch die private Nutzung von digitalen Aufnahme- und Wiedergabegeräten erlauben.

Noch in diesem Jahr ist die Markteinführung einer digitalen Schallplatte vorgesehen; kompakte PCM-Prozessoren als Zusatz zu Heim-Videorecordern, neue digitale Mehrkanalmaschinen und Mischpulte für Tonstudios werden folgen. Bis zum Jahre 1990 dürften dann der Satelliten-Hörrundfunk mit Digitalton ebenso wie ein digitaler Kassettenrecorder mit höchster Aufnahmequalität ganz selbstverständlich zu unserer technischen Umwelt gehören.

Derjenige, der sich im Beruf oder als Hobby bisher ausschließlich mit der analogen Niederfrequenztechnik befaßte, sieht sich mittlerweile neuen theoretischen Grundlagen, neu eingeführten Begriffen, ungewohnten Schaltungskonzepten und neuartigen Applikationen gegenüber.

Da das notwendige Fachwissen bis heute hauptsächlich in Firmenschriften oder Einzelaufsätzen zu finden ist, möchte der Autor dieses Buch vornehmlich als Orientierungshilfe in der Welt des Digitaltons verstanden wissen; eine bewußte Abgrenzung des Inhalts läßt sich dabei nicht vermeiden.

Gerade erst liegt das Stadium der Grundsatzdiskussion über den Wert oder Unwert der digitalen Tonaufzeichnung hinter uns, und eine Harmonisierung wichtiger Kenngrößen – die Grundvoraussetzung für eine Durchdringung aller möglichen Anwendungsbereiche – beginnt sich von fern abzuzeichnen. Dem Verfasser erschien es daher ebenso wichtig, auf einige Richtungen hinzuweisen, in die sich die Entwicklung der digitalen Tontechnik bewegen könnte. Wer tiefer in die Materie eindringen möchte, sei auf das Literaturverzeichnis verwiesen.

Mein besonderer Dank gilt Herrn Dr. Toshitada Doi für Rat, Hilfe und viele klärende Diskussionen.

Köln D. Thomsen

Inhalt

Wichtiger Hinweis

Die digitale Tonaufzeichnung setzt nicht nur neue Qualitätsmaßstäbe, sie verändert die konventionelle Schnittbearbeitung. Statt mit Schere und Klebeband umzugehen, bedient die Cutterin ein elektronisches Schnittsteuergerät. In einem programmierten Kopierprozess werden die mit einem Zeitcode markierten Takes lückenlos und störungsfrei zusammengefügt. Jeder Schnitt läßt sich so lange wiederholen, bis er künstlerisch und technisch einwandfrei ist.
(Werkbild Sony)

1 Grundlagen und Schaltungen der Analog/Digital-Umwandlung

1.1 Allgemeines

Seit dem 19. Jahrhundert hat sich der Mensch Mittel geschaffen, die es ihm gestatten, von Natur aus flüchtige physikalische Phänomene wie Abbildungen von bewegten Objekten oder Schallereignisse festzuhalten. Die eigentliche Speicherung wird durch eine bleibende Beeinflussung eines Speichermediums bewirkt. Licht und Schatten des Kinofilms z.B. sind Intensitätsveränderungen eines dünnen, metallischen Silberniederschlages, der sich auf einem durchsichtigen Trägermaterial befindet; Töne können beim Tonbandgerät durch Feldstärkeunterschiede eines magnetisierbaren Eisenoxidpulvers oder auf der Schallplatte mittels einer in eine Kunststoffmasse eingeprägten Rille, die eine mechanische Auslenkung des Tonabnehmers aus der Ruhelage bewirkt, gespeichert und reproduziert werden.

Allen diesen Vorgängen sind zwei grundsätzliche Eigenschaften gemein, die das analoge Verhalten kennzeichnen: Die festgehaltene Zustandsänderung ist proportional zur eigentlichen Reizempfindung (Licht, Schall), und sie verläuft – entsprechend dem Originalereignis – kontinuierlich, d.h. ohne Unterbrechung in Bezug auf die Zeitabfolge. Nachteilig für die Originaltreue der Aufzeichnung wirkt sich die Tatsache aus, daß das Speichermedium selbst zusätzliche Veränderungen des aufgezeichneten Ereignisses verursacht. Bei der Magnettonaufnahme z.B. erzeugen die mikroskopisch kleinen ferromagnetischen Partikel auf dem Band an den Begrenzungsflächen der Magnetschicht ein Streufeld, das eine rein statistische Richtung und Intensität aufweist und sich daher im Hörkopf als Rauschspannung bemerkbar macht. Nutz- und Störsignale überlagern sich gegenseitig und sind – vor allem, wenn das Nutzsignal einen Grenzwert unterschreitet – nicht mehr voneinander zu trennen.

Ein Weg, die Vermischung von Nutz- und Störgrößen im Übertragungs- oder Speichermedium zu verhindern, besteht in der Abkehr vom Analog-Prinzip durch die digitale Darstellung der Nutzinformation mittels eines geeigneten Zeichenvorrats, d.h. in der Verabredung eines Codes. Zweckmäßigerweise sollte dieser aus zwei Zuständen zusammengesetzt sein (Binärcode), da sich dann die Signalverarbeitung durch Verknüpfungs- und Speicherschaltkreise – ähnlich denen in der elektronischen Datenverarbeitung – sehr vereinfacht. Ein schon seit über 100 Jahren bekanntes Beispiel eines Codes ist der Morse-Code, der aus der Notwendigkeit heraus entstand, Buchstaben und Zahlenfolgen über weite Entfernungen sicher übermitteln zu können.

Die Idee, Nachrichtensignale durch Pulscode-Modulation (PCM) digital zu verschlüsseln, stammt von A.H. Reeves, einem Mitarbeiter der Pariser ITT-Laboratorien. Sein erstes Patent aus dem Jahr 1938 enthält bereits alle Grundgedanken der heutigen Technik, war aber den Möglichkeiten seiner Zeit weit voraus. Erst die Erfindung des Transistors und danach die Entwicklung schneller Logikschaltungen schufen die Voraussetzungen für einen praktischen Einsatz der Pulscodemodulation.

Modell des Nachrichtenübertragungssystems

Die Beziehungen zwischen den einzelnen Komponenten der elektroakustischen Übertragungskette, wie sie in der Tontechnik zwischen Originalaufnahme und der Wiedergabe über die Hi-Fi-Anlage vorliegt, lassen sich mit Hilfe eines Modells für ein Nachrichtenübertragungssystem veranschaulichen *(Abb. 1.1.1)*. Die Aufgabe eines solchen Systems ist ganz allgemein, Signale von einer Quelle zu einer Senke (Verbraucher) originaltreu zu übertragen. Störungen im Übertragungskanal verändern jedoch die Information [1].

In unserem Fall können die Begriffe Nachricht und Information nebeneinander verwendet werden. Das Besondere der Information besteht definitionsgemäß darin, daß sie etwas Neues zum Ausdruck bringt; sie darf daher nicht vorhersagbar sein, wie etwa eine sinusförmige Spannung.

Sprache, Musik und Geräusche sind die in der elektroakustischen Übertragungskette zu verarbeitenden Informationen. Im Tonstudio z.B., gelangen sie als Schallereignis (Nachrichtenquelle) über das Mikrofon (Signalwandler)

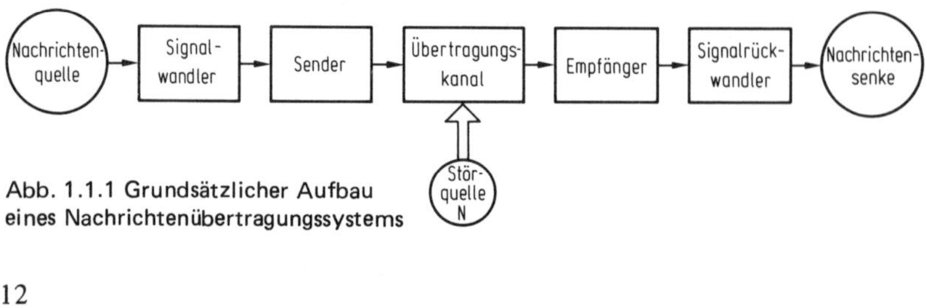

Abb. 1.1.1 Grundsätzlicher Aufbau eines Nachrichtenübertragungssystems

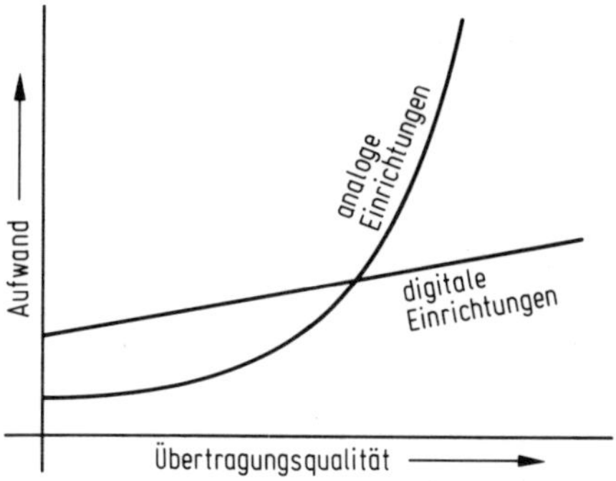

Abb. 1.1.2 Aufbau und erreichbare Übertragungsqualität bei analogen und digitalen Einrichtungen

und die Verstärkerstufen des Mischpults (Sender) in das Aufnahmegerät (Übertragungskanal), wobei der Kanal hier die Funktion eines Speichers hat. Die Störquelle N, die aus vielen unterschiedlichen Störgrößen zusammengesetzt sein kann, wirkt sich so auf den Übertragungskanal aus, daß das Ausgangssignal gegenüber dem Eingangssignal in bezug auf die Bandbreite, Dynamik, Frequenzabhängigkeit der Amplituden oder Linearität verfälscht ist.

In der realen Welt besitzt die Übertragungskette sehr viele Zwischenglieder, die man sich wieder als Übertragungsmodelle mit ihren zugehörigen Kanälen und Störquellen hintereinandergeschaltet vorstellen kann. Ein Übertragungskanal in der Fernsprechtechnik kann sich z.B. unter Einbeziehung mehrerer Zwischenstationen über den ganzen Erdball erstrecken.

Gerade in der Fernsprechtechnik und artverwandten Gebieten wie der Telemetrie erkannte man recht schnell, daß dem Bemühen, die Übertragungskette möglichst frei von Störeinflüssen zu machen, Grenzen gesetzt sind, wenn man bei der analogen Übertragung bleibt, da der Umfang der zur Beseitigung der Störungen notwendigen technischen Mittel – und damit die Kosten – im Vergleich zum Grad der Verbesserung überproportional ansteigen. Die Verschlüsselung der Informationen in einem zweckentsprechenden Digital-Code dagegen bringt zwar etwas aufwendigere Umwandlungseinrichtungen mit sich; insgesamt jedoch wird das Verhältnis von Aufwand und Übertragungsqualität günstiger. *Abb. 1.1.2* veranschaulicht diesen Zusammenhang [2].

In der Tonträgerindustrie dient das Magnetband als Zwischenspeicher für mehrere Verarbeitungs- und Distributionsstufen. Seine elektroakustischen Eigenschaften haben an mehreren Stellen der Übertragungskette direkten Einfluß auf die erreichbare Signalqualität. Digitale Verfahren fanden ebenso wie Erkenntnisse aus der Nachrichtentheorie zunächst Anwendung in der Tonaufzeichnung.

Weitere tontechnische Einrichtungen professioneller Art, dazu zählen das Mischpult, Bearbeitungseinrichtungen (Nachhallgeräte, Begrenzer, Phaser, Flanger, Zeit- und Tonhöhenmanipulationsgeräte) sowie Klangerzeuger (Synthesizer), werden in zunehmendem Maße nach digitalen Arbeitsprinzipien konstruiert; bekannt sind ferner Patente für ein digitales Mikrofon und einen digitalen Lautsprecher.

Bisher hat die Digitalisierung erst einige Applikationsinseln erfaßt, bei denen die Kommunikation zwischen den einzelnen Geräten noch auf dem Umweg über die analoge Ebene stattfindet. Sehr bald dürfte der Austausch von Daten ausschließlich über digitale Schnittstellen erfolgen, so daß ein Schallereignis ohne jegliche Qualitätsabstriche bis zum Endverbraucher gelangt.

1.2 Das Abtasttheorem

Die Grundlagen für die Umsetzung von Signalen aus der analogen in die digitale Ebene beruhen auf nachrichtentheoretischen Untersuchungen mehrerer Wissenschaftler, darunter H. Nyquist und H. Raabe in den Jahren um 1920 bis 1940.

Erst 1948/49 veröffentlichte der in den Bell-Laboratories tätige Mathematiker Claude E. Shannon seine Arbeiten [3], mit denen er die moderne

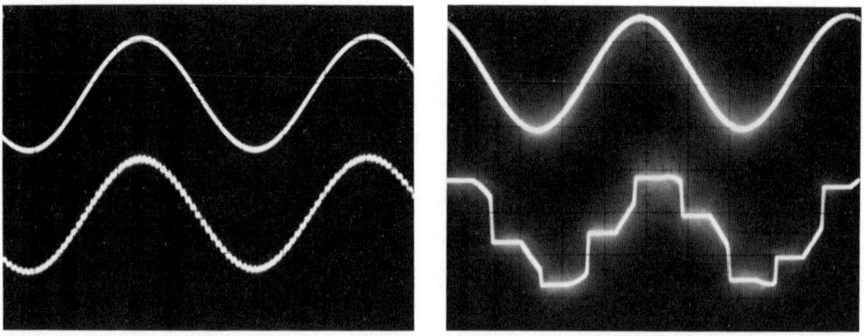

Abb. 1.2.1 Zwei Sinus-Frequenzen und abgetastete Wellenzüge a) 1kHz, b) 10kHz. Obwohl hier die Abtastung weit gröber erscheint, kann das Originalsignal perfekt restauriert werden. Die Abtastfrequenz beträgt 44,1kHz

Informationstheorie begründete. Der darin enthaltene Lehrsatz, das Abtasttheorem, beschreibt den allgemeingültigen Zusammenhang zwischen zeitkontinuierlichen und zeitdiskreten Signalen, d.h. zwischen zeitlich lückenlos verlaufenden Vorgängen, die sich innerhalb einer beliebigen Anzahl von Amplitudenwerten ändern können, sowie impulsförmigen Signalen, die nur innerhalb bestimmter (diskreter) Zeitwerte auftreten. Demnach läßt sich ein analoges Signal in eine Folge von zeitdiskreten Impulsen umwandeln, wenn man es in äquidistanten, d.h. untereinander gleichen Zeitabständen (Abtastintervalle) durch Musterentnahme (Sampling) mißt oder abtastet *(Abb. 1.2.1)*. Dabei sind zwei Bedingungen einzuhalten:

- Die Frequenz f_S, mit der diese Musterentnahme erfolgt, muß mindestens den doppelten Wert der höchsten im abzutastenden Signal enthaltenen Frequenz f_m haben, d.h.

  $f_S \geqq 2 \cdot f_m$ und

- im Originalsignal darf keine höhere Frequenz als die Hälfte der Abtastfrequenz enthalten sein.

Die Bedeutung des Shannon'schen Theorems liegt im mathematischen Beweis dafür, daß die Umsetzung *ohne jeglichen Informationsverlust* stattfindet, obwohl der Abtastprozeß offensichtlich alle Signaländerungen zwischen den Musterentnahmen außer acht läßt. Diese Aussage hat für die Digitalisierung von Tonsignalen und ihre originalgetreue Reproduktion besonderes Gewicht.

Aus dem Analogsignal ist somit ein pulsamplitudenmoduliertes (PAM-) Signal entstanden. Auch die Umkehrbarkeit dieses Vorganges, nämlich die Rückwandlung der Impulsfolge in ein kontinuerliches, eindeutig darstellbares Analogsignal wird durch das Theorem bewiesen.

Der Abtastvorgang läßt sich besser verstehen, wenn man neben dem zeitlichen Verlauf eines Signals auch dessen Darstellung in der Frequenzebene, d.h. die Verteilung aller im Signal enthaltenen Frequenzen und ihrer Amplituden betrachtet. *Abb. 1.2.2a* zeigt ein Analogsignal A_t und sein Spektrum A_f. Oberhalb f_{max} ist wegen der Bandbreitenbegrenzung keinerlei Energie mehr vorhanden. Das Abtastsignal kann man sich nun als eine Impulsfolge mit der Frequenz f_S und dem Spektrum S_f vorstellen *(Abb. 1.2.2b)*. Die Abtastung entspricht dann einer Multiplikation von A_t mit S_t und läßt sich ebenfalls in der Frequenzebene darstellen *(Abb. 1.2.2c)*. Man erkennt, daß

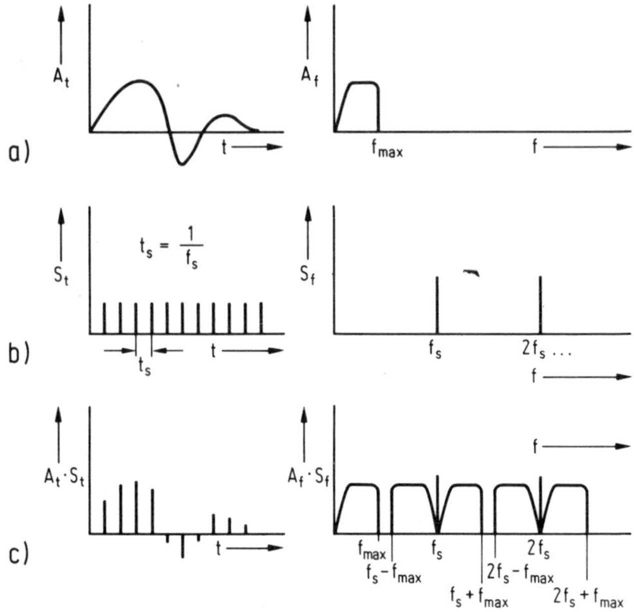

Abb. 1.2.2 Der Abtastvorgang läßt sich neben der Zeitebene auch in der Frequenzebene darstellen. Das Signal mit dem zeitlichen Verlauf A = f(t) hat in der Frequenzebene eine maximale Nutzbandbreite f_{max} (a). Die Abtastung erfolgt in der Zeitebene mit periodischen Impulsen des Abstandes t_S, die in der Frequenzebene die Spektren f_S, $2f_S$ .... aufweisen (b). Der Abtastvorgang entspricht einer Multiplikation von A_t mit S_t, die in der Frequenzebene als $A_f \cdot S_f$ dargestellt werden kann (c). Sie ergibt hier eine Wiederholung des Originalsignal-Spektrums mit dem Mehrfachen der Abtastfrequenz f_S. Ein Tiefpaßfilter mit einer Grenzfrequenz, die etwas größer ist als f_{max}, kann die abgetastete Information demnach wieder in ein kontinuierliches Signal zurückverwandeln, ohne daß ein Qualitätsverlust eintritt

das Spektrum des abgetasteten Analogsignals völlig dem des Originalsignals entspricht und sich mit dem Vielfachen der Abtastfrequenz wiederholt. Ein Tiefpaßfilter kann die abgetastete Information in ein kontinuierliches Analogsignal zurückwandeln.

Aus (Abb. 1.2.2c) läßt sich ferner entnehmen, daß entsprechend der zweiten Bedingung f_S stets größer sein muß als $2f_{max}$. Wäre dies nicht der Fall, so würde eine Überlappung des Original-Spektrums mit dem sich mit f_S wiederholenden, modulierten Teil des Spektrums auftreten *(Abb. 1.2.3)*, die auch durch Tiefpaßfilterung nicht mehr rückgängig gemacht werden

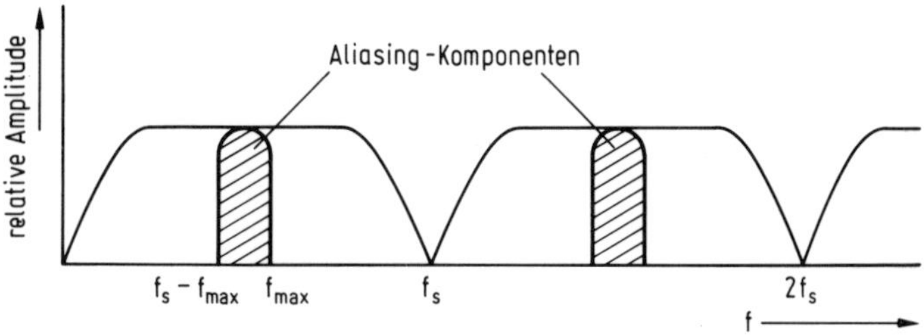

Abb. 1.2.3 Aliasing-Komponenten entstehen durch Überlappung des Originalspektrums mit dem sich im Abstand der Abtastfrequenz periodisch wiederholenden, modulierten Spektrum

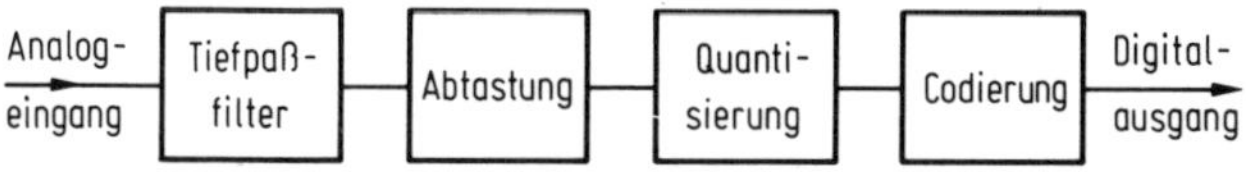

Abb. 1.2.4 Die Umwandlung der analogen Information in Digitalsignale erfolgt über mehrere Stufen

kann. Praktisch bedeutet dies, daß z.B. eine Frequenzkomponente von 39 kHz in einem System mit 40 kHz Abtastfrequenz eine im Original nicht vorhandene, zusätzliche Frequenz von 1 kHz erzeugen würde. Dieses Phänomen wird als Aliasing bezeichnet und die entstehenden, nicht harmonischen Verzerrungen als Aliasing- oder Faltungsverzerrungen.

Um solche Aliasing-Komponenten zu vermeiden, ist ein steil oberhalb der höchsten Nutzfrequenz beschneidendes Tiefpaßfilter nötig, das vor der Abtaststufe angeordnet wird.

Tiefpaßfilter und Abtastung sind zwei Schaltungsblöcke der in mehreren Stufen vorgenommenen Analog/Digital-Konversion nach *Abb. 1.2.4.*

1.3 Das Eingangs-Tiefpaßfilter

Ein ideales Anti-Aliasing-Filter müßte folgende Eigenschaften haben:

- geradliniger Frequenzverlauf im Durchlaßbereich mit geringster Welligkeit am oberen Bandende
- vernachlässigbares Überschwingen (Ringing)
- geringer Phasengang im Durchlaßbereich
- geringste Gruppenlaufzeit-Verzerrungen
- niedriger Klirrfaktor

- hohe Sperrdämpfung
- hohe Steilheit oberhalb f_{max}
- Eigenstörspannung noch unterhalb des Rauschens des digitalen Systems selbst.

Hinzu kommen noch einige praktische Gesichtspunkte, die die Fertigung betreffen, wie geringe Kosten, einfacher Abgleich, kompakte Ausführung und geringes Gewicht. Einige der genannten Forderungen sind mit passiven oder aktiven analogen Filtertechniken schwer zu erfüllen, da sie sich gegenseitig ausschließen.

Interessant ist in diesem Zusammenhang die Frage, mit welcher Energieverteilung in der zu verarbeitenden Nf-Modulation zu rechnen ist, um daraus einen Richtwert für die Sperrdämpfung des Filters zu gewinnen. Es ist leicht einzusehen, daß die spektrale Energieverteilung je nach Art der Schallquelle sehr unterschiedlich ausfallen kann und z.B. bei Musikdarbietungen anders ist als bei Industrielärm. *Abb. 1.3.1* zeigt die innerhalb des Übertragungsbereiches gemessene Schallenergie bei der Aufführung einer Symphonie mit großer Orchesterbesetzung sowie das von einem Schnellzug verursachte Lärmspektrum.

Man kann bei natürlich erzeugter Musik davon ausgehen, daß die Energie gegenüber dem bei 1000 Hz vorhandenen Anteil stets in Richtung auf die obere Grenzfrequenz abfällt; ferner geht ein relativ starker Energieanteil bei hohen Frequenzen meist mit einem hohen Gesamtpegel einher, der dann Aliasing-Produkte, die auf Filter-Imperfektionen beruhen, verdecken würde [4].

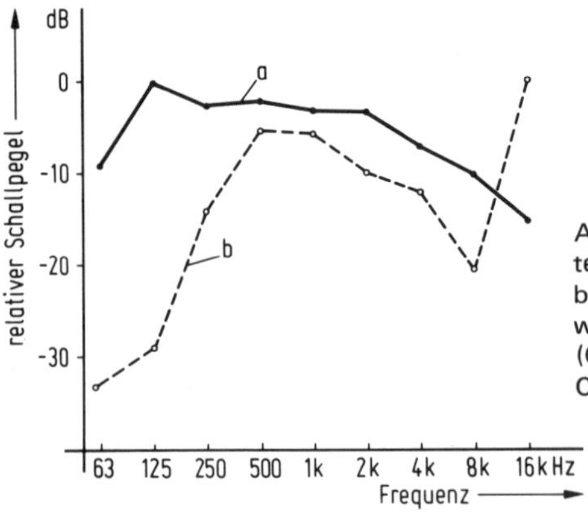

Abb. 1.3.1 Spektrale Energieverteilung a) großes Symphonieorchester; b) Höchstgeschwindigkeits-Zug; jeweils gemessen über mehrere Minuten. (Quelle: IEC-Japan, National Committee)

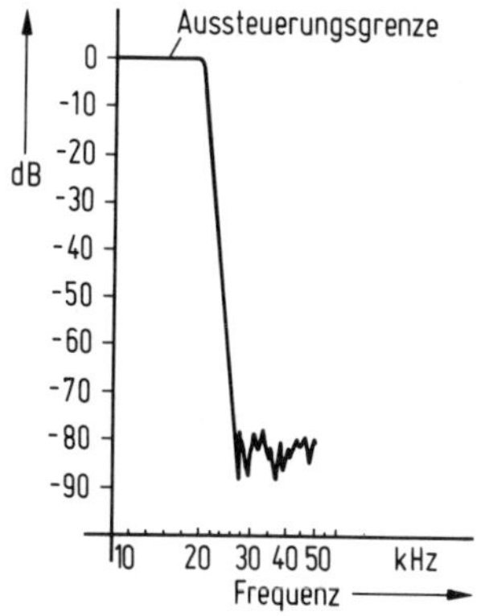

Abb. 1.3.2 Über Eingangs- und Ausgangstiefpaß gemessener Teil-Amplitudenverlauf des Prozessors PCM-F1

Eine andersartige Energieverteilung ergibt sich z.B. bei der Aufnahme von Synthesizer-Musik, denn hier können auch bei hohen Frequenzen noch große Amplituden auftreten. Bei der Zusammenschaltung von Digitalgeräten in der analogen Ebene sind außerdem eventuell vorhandene Energieanteile außerhalb der Nutzbandbreite zu berücksichtigen (Taktfrequenz und Faltungen davon), die in die Eingangsstufe gelangen können.

Um Aliasing-Verzerrungen bei allen Anwendungsfällen so zu unterdrücken, daß sie mit Sicherheit nicht mehr wahrnehmbar sind, sollte für professionelle Ansprüche die Sperrdämpfung etwa 100 dB betragen; auch dem Dämpfungsverlauf (Filtersteilheit) im „Niemandsland" zwischen der oberen Grenze des Übertragungsbereiches und dem halben Wert der Abtastfrequenz ist besondere Beachtung zu schenken. Den Amplitudenverlauf in der Übergangszone zwischen Durchlaß- und Sperrbereich, gemessen über den aktiven Eingangs- und Ausgangstiefpaß des semiprofessionellen Prozessors PCM-F1 von Sony, zeigt *Abb. 1.3.2.*

Bisher oft verwendete, passive Filteranordnungen bestehen aus LC-Ketten siebenter, neunter oder dreizehnter Ordnung, die sich hauptsächlich durch ihre Sperrdämpfung unterscheiden. *Abb. 1.3.3a* zeigt Aufbau, *Abb. 1.3.3b* den Pegelverlauf im Durchlaßbereich und *Abb. 1.3.3c* den Dämpfungsverlauf eines 13poligen LC-Filters. Man beachte die „krummen" Werte der Kondensatoren.

Als „Pole" werden diejenigen sich aus der Filterberechnung ergebenden Stellen der Frequenzachse bezeichnet, an denen die Filterkurve eine (theoretisch) unendlich hohe Dämpfung im Sperrbereich hat.

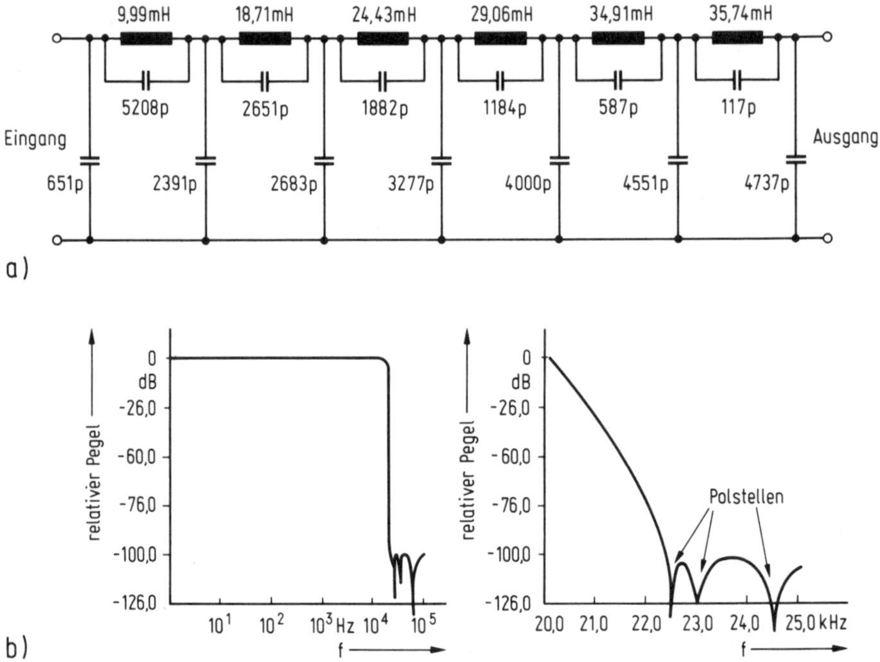

Abb. 1.3.3 Aufbau (a), Pegelverlauf im Durchlaßbereich (b) und Sperrdämpfung (c) eines 13poligen LC-Tiefpaßfilters

Ein LC-Filter weist übrigens einen Gleichspannungspfad zwischen Ein- und Ausgang auf, so daß sich prinzipiell auch Gleichspannungen digitalisieren ließen. *Abb. 1.3.4* zeigt eine Platine des Prozessors PCM-1610 von Sony mit 13poligen LC-Filtern.

Abmessungen, Gewicht und nicht zuletzt die nichtlinearen Eigenschaften der Topfkernspulen sind der Grund, warum passive Filterkonstruktionen in letzter Zeit vor allem in PCM-Prozessoren für Heim-Videorecorder durch aktive Schaltungen abgelöst werden. Ein aktives Tiefpaßfilter besteht aus Mehrfach-Operationsverstärkern, die durch entsprechende Dimensionierung der Gegen- und Mitkopplungsnetzwerke die gewünschte Filtercharakteristik erhalten. Ein derartiges Konzept eignet sich gut zum Aufbau als Hybrid-Schaltkreis *(Abb. 1.3.5)* oder zur (preiswerten) Massenfertigung als VLSI; allerdings sind bei letzterer die Forderungen nach hoher Anstiegsgeschwindigkeit und hohem Störspannungsabstand nicht leicht zu erfüllen.

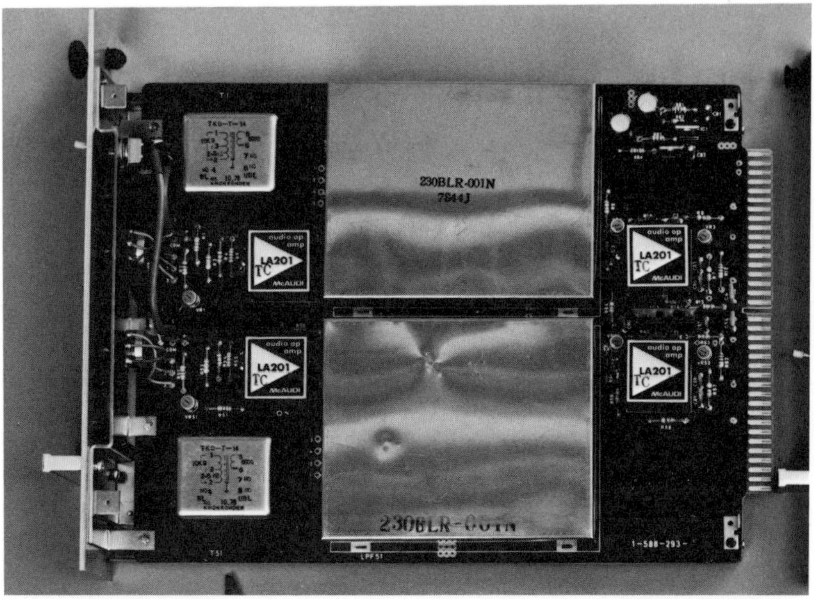

Abb. 1.3.4 Analogsignal-Platine des Prozessors PCM-1610 mit LC-Tiefpaßfiltern (Werkbild Sony)

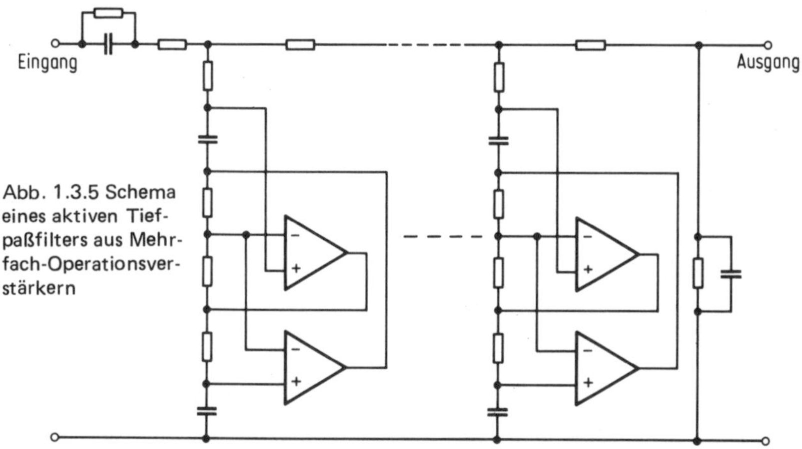

Abb. 1.3.5 Schema eines aktiven Tiefpaßfilters aus Mehrfach-Operationsverstärkern

Vorgeschlagen wurden ferner digitale Filter, mit denen sich beliebige Durchlaß- bzw. Sperreigenschaften ohne negative Auswirkungen auf den Durchlaßbereich (Gruppenlaufzeit, Phasengang) erreichen lassen. Bisher

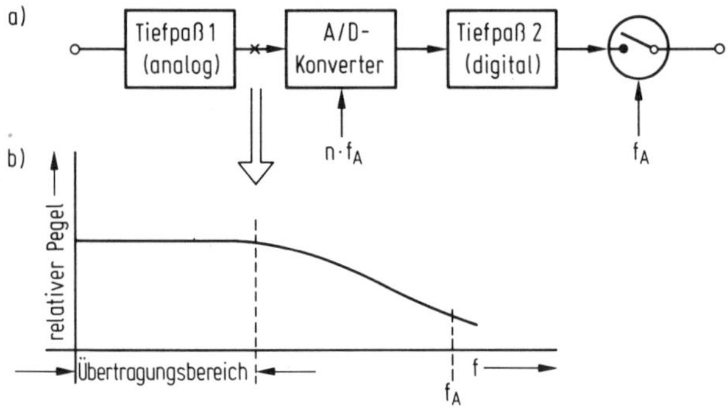

Abb. 1.3.6 Vorschlag für eine A/D-Wandlung mit zwei Tiefpaßfiltern; der steilere Tiefpaß ist in der digitalen Ebene angeordnet. a) Blockschaltbild; b) Frequenzverlauf des Analogsignals am Punkt X

wurden derartige Konstruktionen aufgrund ihrer Komplexheit und der hohen notwendigen Rechengeschwindigkeit nur im Labor verwirklicht. Die schnellen Fortschritte in der Implementierungstechnik könnten sich jedoch auch hier auswirken.

Eine Anordnung nach Korte und Bluethgen [5] z.B. sieht ein relativ „zartes" analoges Tiefpaßfilter vor, dem ein mit dem Mehrfachen der Abtastfrequenz getakteter A/D-Konverter nachgeschaltet wird *(Abb. 1.3.6)*. Die eigentliche Tiefpaßfilterung kann dann – mit idealen Parametern – in einem digitalen Filter erfolgen. Allerdings dürften derartig schnelle, hochlineare Wandler auf absehbare Zeit kaum zu marktgängigen Preisen erhältlich sein.

1.4 Die S/H-Schaltung

Die Abtast- und Halte-Schaltung, englisch Sample/Hold-(S/H-)Schaltung, hat zwei voneinander unabhängige Funktionen: Sie entnimmt dem Eingangssignal in periodischen Abständen pulsamplitudenmodulierte Abtastwerte und speichert sie für eine gewisse Zeit in einem Halteglied, da die Dauer der Sample-Entnahme zu kurz für den nachfolgenden Codiervorgang ist. Als Speicher dient ein hochwertiger, d.h. verlustarmer Kondensator.

Das Prinzip einer S/H-Schaltung zeigt *Abb. 1.4.1*. Gesteuert von der Abtastfrequenz schließt der Schalter S für kurze Zeit; sobald er wieder öffnet,

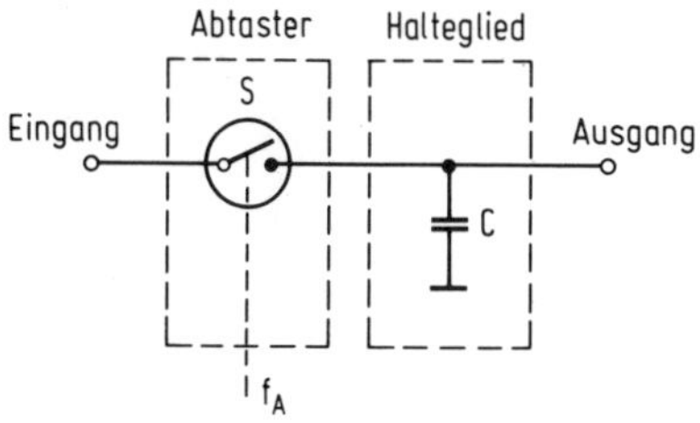

Abb. 1.4.1 Prinzip einer Sample-and-Hold-Schaltung

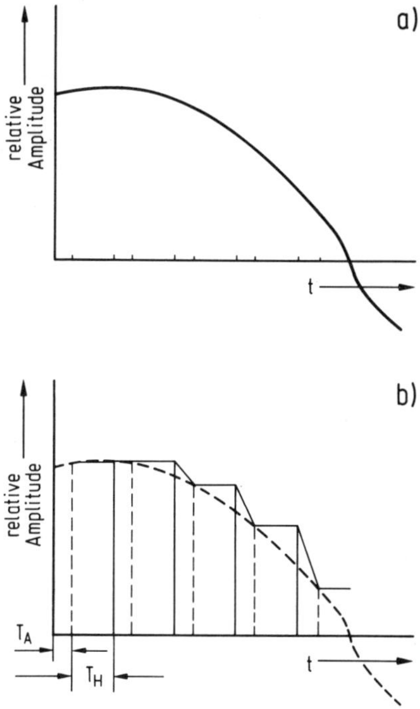

Abb. 1.4.2 Spannungsverläufe der S/H-Schaltung; a) Originalsignal; b) Signalverlauf am Haltekondensator

ist der Kondensator C mit der zum Abtastzeitpunkt gerade vorhandenen Spannung geladen. Beim nächsten Abtastintervall T_A schließt S wieder und lädt den Kondensator auf einen neuen Spannungswert, so daß sich die in *Abb. 1.4.9* gezeigten Signalverläufe ergeben.

In der praktischen Ausführung für eine derartige Schaltung nach *Abb. 1.4.3* bildet ein schneller Operationsverstärker V mit sehr großer Leerlaufverstärkung und hohem Eingangswiderstand das wesentliche Bauelement. Er enthält in seinem Gegenkopplungszweig einen Kondensator C zur Realisierung des Haltegliedes, der über den Schalter S von der Analogspannungsquelle geladen und über einen Gegenkopplungswiderstand entladen werden kann. Der Schalter selbst wird durch einen Feldeffekttransistor mit der Ersatzschaltung nach *Abb. 1.4.4* gebildet. Sein Widerstand weist während der Zeit T_A (Abtastung) den sehr kleinen Wert $R_K = R_A$ auf, und während der Haltezeit T_H den sehr großen Wert $R = R_H$. Zusätzliche Pufferverstärker sorgen für eine hochohmige Belastung der Quelle, eine schnelle Aufladung des Hal-

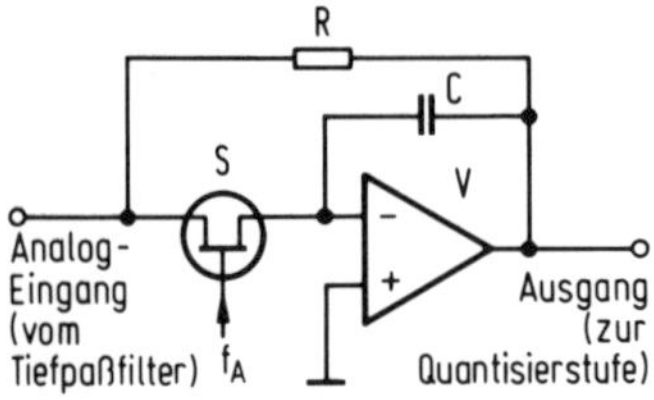

Abb. 1.4.3 Ausführung einer S/H-Schaltung. Ein Operationsverstärker V mit kurzer Anstiegszeit, großer Leerlaufverstärkung und hohem Eingangswiderstand ist im Gegenkopplungspfad mit dem Kondensator C beschaltet, der über den FET-Schalter von der Analogsignal-Quelle geladen wird. Die Entladung geschieht über den Gegenkopplungswiderstand R

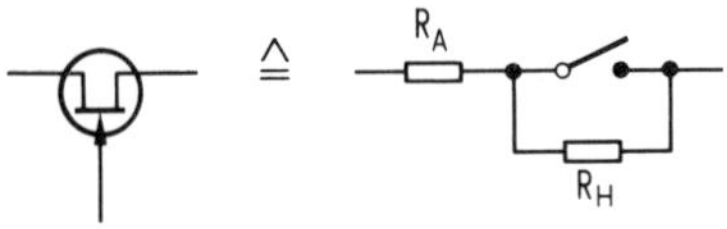

Abb. 1.4.4 Ersatzschaltung des FET

tekondensators und für eine niederohmige Ansteuerung des nachfolgenden Konverters.

Die die Übertragungsqualität verringernden Einflüsse sind hauptsächlich im nichtlinearen Verhalten des FET-Schalters zu sehen (je nach dem gerade vorhandenen Spannungswert schließt dieser mit mehr oder weniger großer Verzögerung nach dem Eintreffen des Sampling-Taktes), in der nicht unendlich kurzen Ladezeit des Haltekondensators, in der Genauigkeit des Sampling-Taktes selbst (Takt-Jitter) sowie in einem Absinken des gehaltenen Spannungswertes (Droop) in der Haltephase, das durch den nicht unendlich hohen Widerstand des geöffneten FET-Schalters und durch parasitäre Nebenschlüsse in der Schaltung hervorgerufen wird.

Die Ansprüche an die Bauelemente der S/H-Stufe sind sehr hoch. Soll z.B. der Droop Δ U kleiner sein als die bei der Konvertierung prinzipbedingte Ungenauigkeit von 1/2 LSB (Least Significant Bit), so ergibt sich für ein 14-Bit-System

$$U = \frac{1}{2 \cdot 2^{14}} \approx 0{,}003\%$$

und bei 16-Bit-Quantisierung

$$U = \frac{1}{2 \cdot 2^{16}} \approx 0{,}00076\%$$

Die Summe aller Leckströme im Halte-Kondensator, im Analogschalter und im Ausgangs-Pufferverstärker darf daher bei den üblichen Stromwerten für die Konverter-Ansteuerung nicht größer als 30 nA sein. Zusätzlich zu berücksichtigen ist, daß Leckströme in Dielektrika und in Halbleiter-Grenzschichten stark temperaturabhängig sind und im normalen Arbeits-Temperaturbereich eine erhebliche Sicherheitsmarge eingerechnet werden muß [6].

Auch an den Eingangs-Pufferverstärker werden hohe Anforderungen gestellt, da er den Ladestrom für den Halte-Kondensator (übliche Werte liegen zwischen 1 nF und 10 nF) in sehr kurzer Zeit aufbringen muß. Zum Beispiel hat ein 10-Volt-Sprung innerhalb 1 μs einen Ladestrom von 100mA in einem 10 nF-Kondensator zur Folge.

Generell muß – anders als bei der digitalen Meßwertübertragung – die S/H-Schaltung in tontechnischen Anwendungen „hörbare" Qualitäten in bezug auf Störspannungsabstand, nichtlineare Verzerrungen sowie Übersprechen zwischen Taktsignalen und Nutzmodulation aufweisen, während die Gleichspannungsdrift keine besondere Rolle spielt.

Nach einer Schaltung von Hitachi lassen sich die vom MOSFET-Schalttransistor verursachten Nichtlinearitäten verringern, wenn man dafür sorgt, daß die Abhängigkeit des ON-Widerstandes, der Drain/Backgate-Kapazität sowie der Drain/Gate-Kapazität von der Amplitude und der Polarität des

Abb. 1.4.5 Die von den FET-Schaltern verursachten Nichtlinearitäten lassen sich verringern, wenn man die Abhängigkeit der Drain/Gate-Kapazität, der Drain/Backgate-Kapazität und des ON-Widerstandes von Amplitude und Polarität des Nutzsignals beseitigt

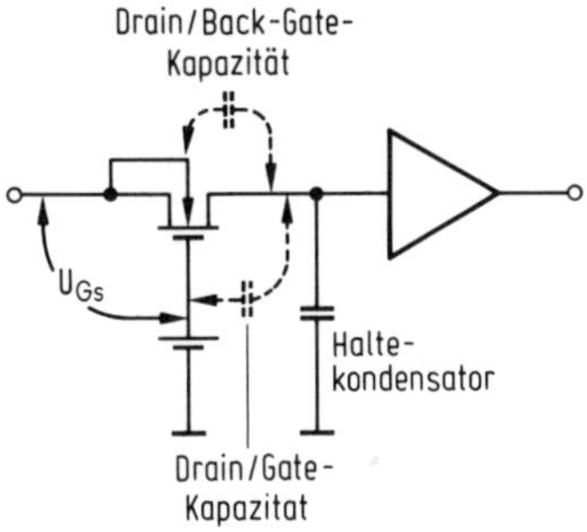

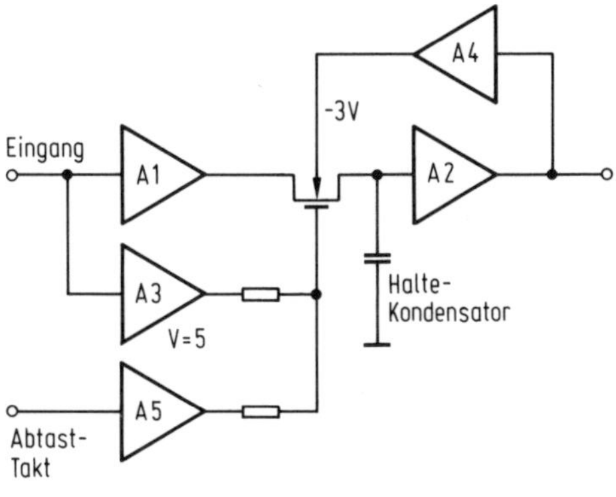

Abb. 1.4.6 Durch Überlagerungen der am MOSFET anliegenden Vorspannung mit gepufferten Zusatzpotentialen aus dem Nutzsignal wird der Anteil des Klirrfaktors in die Größenordnung von 0,01% gebracht

Nutzsignals beseitigt wird *(Abb. 1.4.5)*. Dies geschieht, wie in *Abb. 1.4.6* gezeigt, durch eine Überlagerung der an den MOSFET-Anschlüssen anliegenden Vorspannungen mit Zusatzpotentialen, die vom Nutzsignal über Entkoppelverstärker abgeleitet werden. Der Verzerrungsanteil wird mit dieser Maßnahme auf etwa 0,01% verringert. Ein entsprechender S/H-Chip in Bipolar-MOS-Technologie ist der Typ HA-12030 [7].

Übrigens wird eine S/H-Schaltung auch im D/A-Konverterteil gebraucht; sie dient dort zur Unterdrückung von Transienten (Glitches), die am Ausgang des D/A-Wandlers auftreten, und erleichtert dem nachfolgenden Tiefpaßfilter die Arbeit.

Bei Anwendungen, die wie die Digitalisierung von Tonsignalen eine hohe Verarbeitungsgeschwindigkeit erfordern, spielen die Ladezeit (Acquisition Time) und die Einstellzeit (Settling Time) einer S/H-Schaltung eine wichtige Rolle. Wie man aus Abb. 1.4.2b entnehmen kann, hängt die Geschwindigkeit, mit der eine Ladung erfolgen muß, unmittelbar von der Steilheit des Eingangssignals ab. Die Ladezeit wird daher beim Übergang vom Haltevorgang bis zum Erreichen des neuen Spannungswertes des Eingangssignals inklusive eines gewissen zulässigen Restfehlers benötigt, während die Einstellzeit innerhalb der Haltephase vergeht, bis ein stabiler, neuer Haltewert erreicht ist. Beide Zeiten legen einen (theoretischen) Grenzwert für die Abtastfrequenz fest.

Ähnlich der Spaltfunktion bei der Magnettonwiedergabe ist bei einer S/H-Schaltung wegen der nicht unendlich kurzen Dauer der Abtastimpulse ein frequenzabhängiger Amplitudenverlauf des abgetasteten Signals festzustellen, sobald dessen Frequenz sich $f_A/2 = 1/2\ (T_A + T_H)$ nähert *(Abb. 1.4.7)*. Die Frequenzachse ist hier normiert (bezogen auf die Abtastfrequenz) dargestellt. Durch Verringerung der Abtastimpulsbreite läßt

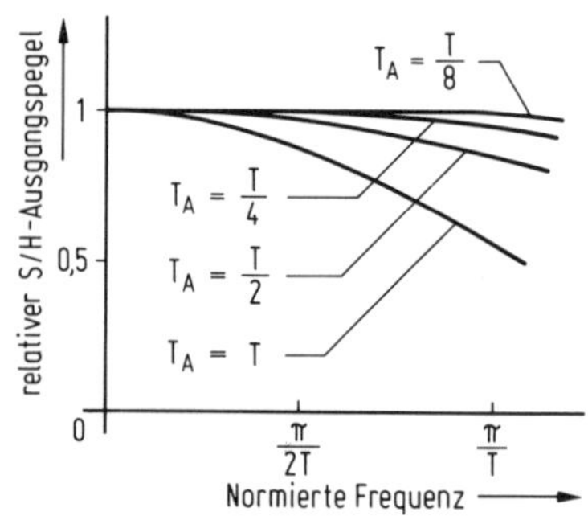

Abb. 1.4.7 Der Apertureffekt entsteht durch die endliche Dauer der Abtastimpulse

sich dieser sogenannte Apertur-Effekt in Grenzen halten. Allerdings verschlechtert sich durch den immer geringer werdenden absoluten Spannungswert des Abtastmusters der Störspannungsabstand des pulsamplitudenmodulierten Signals. Abhilfe könnte eine Vorentzerrung schaffen, die den Amplitudenabfall kompensiert; in der Praxis wird eine solche Aperturkorrektur im A/D-Konverter nicht vorgenommen, da sie spektrale Veränderungen der Tonsignale in der digitalen Ebene verursacht und somit digitale Kompensationsmaßnahmen bei der Weiterverarbeitung z.B. in einem digitalen Mischpult erfordern würde.

1.5 Die Abtastfrequenz

Eine der wichtigsten Entscheidungen für die Zukunft der digitalen Tontechnik ist die Wahl einer geeigneten Abtastfrequenz. Zunächst bestimmt sie eindeutig und unwiderruflich gemäß dem Shannon'schen Theorem die Obergrenze des Übertragungsbereiches. Daneben stellt sie den wichtigsten Parameter dar, der erst nach einer weltweiten Standardisierung den digitalen Datenaustausch zwischen tontechnischen Einrichtungen und Tonträgern in der Schallplattenindustrie, im Rundfunk, in zukünftigen Fernsehsystemen mit Digitalton, in Satelliten-Netzwerken, in der Video- und Filmindustrie und anderen Übertragungsmedien ermöglicht *(Abb. 1.5.1)*.

In diesem Zusammenhang wäre die Frage der unbedingt notwendigen Nutzbandbreite zu stellen. In einer 1979 veröffentlichten Arbeit des Institutes für Rundfunktechnik [8], die sich auf ähnliche Tests der Firmen Victor Co. of Japan sowie der Polygram stützt, versuchte man mit modernen Meßmethoden herauszufinden, welche Bandbreitenbegrenzung hörbare Unterschiede gegenüber einem nicht begrenzten Signal bewirkt, und welche Arten von Tiefpaß-Filtern einen Einfluß auf die Hörbarkeit der Begrenzung haben. Einen besonderen Punkt bildete der Vergleich zwischen einem bei 15 kHz und einem bei 20 kHz bandbegrenzten Signal. Die Schlußfolgerung aus den computergestützt ausgewerteten Messungen läßt sich im folgenden zusammenfassen:

- Eine Bandbreitenbegrenzung bei 15 kHz wird nicht eindeutig besser erkannt als eine bei 20 kHz.
- Selbst wenn einige, mit extrem sensitiven Gehör ausgestattete Versuchspersonen einen Unterschied zwischen den Bandbegrenzungswerten

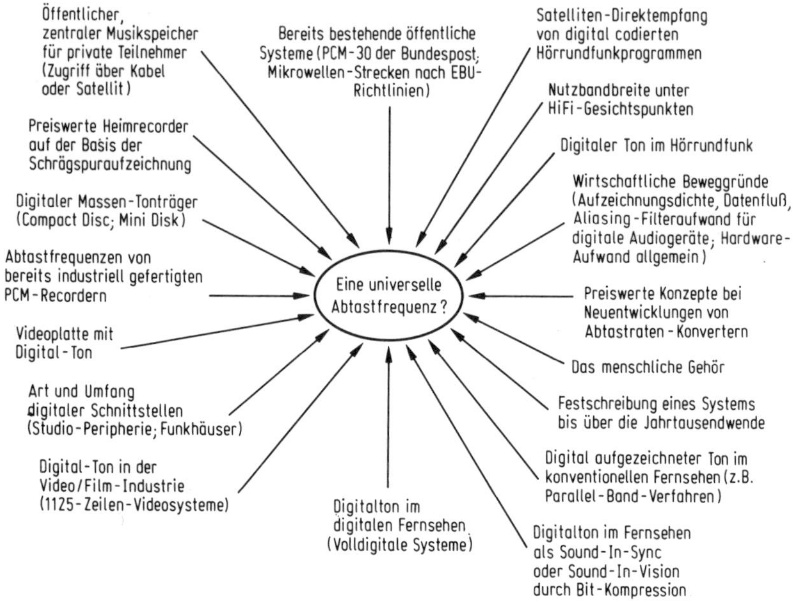

Abb. 1.5.1 (Text in der Darstellung)

wahrnehmen konnten, bedeutet diese Tatsache nicht unbedingt, daß ein Verlust an hörbarer Qualität eingetreten ist, denn die Unterschiede ließen sich nicht in hörbaren Kategorien wie Lautheitsempfindungen oder Färbungen beschreiben.

- Eine Übertragungsbandbreite von 15 kHz ist ausreichend. (Auch EBU und die Bundespost haben eine obere Grenzfrequenz von 15 kHz für ihre Übertragungseinrichtungen und Streckennetze festgelegt).

Im Gegensatz dazu bevorzugt die Industrie bei Digitalgeräten ausnahmslos eine Nf-Bandbreite bis 20 kHz. Wollte man mit Rücksicht auf extreme Ansprüche den Übertragungsbereich über 20 kHz ausdehnen, so ginge dies unmittelbar in den Hardware-Aufwand (Verarbeitungsgeschwindigkeit, Filterkonstruktion) und in die Aufzeichnungsdichte ein. Praktisch kann die Diskussion um die für notwendig erachtete Nutzbandbreite als abgeschlossen betrachtet werden.

Die Abtastfrequenz dagegen ist immer noch das Thema von gegenwärtig stattfindenden Harmonisierungsgesprächen zwischen Herstellern, öffentlichen Gremien wie EBU, CCIR, IEC und anderen Verbänden (SMPTE, AES), bei denen viele, oft divergierende Gesichtspunkte aufeinander treffen.

Erschwert wird eine Entscheidung für oder gegen eine universelle Abtastrate durch die Notwendigkeit, bereits bestehende Systeme (z.B. PCM-30 der Bundespost mit 32 kHz Abtastfrequenz) einbeziehen zu müssen und durch digitale Massentonträger (Compact Disc, Mini-Disc), die eine bestimmte Abtastfrequenz auf dem Weg über die Unterhaltungselektronik popularisieren und dadurch einen Quasi-Standard darstellen.

Die größte industrielle Gruppe, die sich zur Empfehlung einer gemeinsamen Abtastfrequenz entschließen konnte, ist bislang die Electronics Industries Association of Japan (EIA-J). Sie legte in einem im Juni 1979 veröffentlichten Papier eine Frequenz von 44,056 kHz für PCM-Adapter fest; ferner wurden technische Details des Signal-Formats für die digitale Tonaufzeichnung auf Heim-Videorecordern empfohlen. Geräte nach diesem Format sind inzwischen von mehreren Herstellern auf dem Markt. Auch PCM-Adapter, die sich vom NTSC- auf PAL- oder SECAM-Ausgangsformat umschalten lassen, wurden bereits vorgestellt, dies bedeutet gleichzeitig die Verbreitung der Abtastrate von 44,1 kHz in PAL/SECAM-Ländern. Ein solcher Vorgang hat deshalb besonderes Gewicht, weil die Digitalprozessor/Recorder-Kombination auf längere Zeit gesehen, die preiswerteste Möglichkeit zur Aufzeichnung von digitalen Audiosignalen bleiben dürfte.

Aufgrund der bei diesem Prinzip notwendigen Video-Formatierung der Digitalwerte muß die Abtastfrequenz eine feste Beziehung zur Zeilenfrequenz f_h und zur Vertikalfrequenz der entsprechenden Fernsehnorm haben. Innerhalb des Digitalprozessors, bei dem jeder Verarbeitungsvorgang taktgesteuert erfolgt, sollten zweckmäßigerweise alle benötigten Taktfrequenzen von einer Master-Clock heruntergeteilt werden können, die sich aus dem kleinsten gemeinsamen Vielfachen von f_h und anderen im System benötigten Takten errechnet. Die Zeilenfrequenz f_h ist im NTSC-System mit 15734,2657 Hz festgelegt (wegen der notwendigen Beziehung zu NTSC-Chroma-Signalen und Ton-Hilfsträgern ist kein ganzzahliger Wert möglich); im europäischen PAL- oder SECAM-System beträgt die Zeilenfrequenz 15625 Hz.

1.6 Standardisierungsfragen

Verschiedene Vorgaben bei der digitalen Tonaufzeichnung auf Videorecordern, wie z.B. die für die Digitalworte „netto" zur Verfügung stehenden Zeilen unter Fortlassung der Zeilen- und Halbbild-Austastlücken führten zu den bereits erwähnten Abtastfrequenzen von 44,05594 kHz für NTSC-Aufzeichnung und 44,1 kHz für die PAL- und SECAM-Aufzeichnung. Die Differenz zwischen beiden Abtastraten beträgt etwa 0,1% und ist als Tonhöhenunterschied nicht wahrnehmbar.

Für den Entwurf eines Tiefpaßfilters ergibt sich übrigens durch die etwas höhere Abtastfrequenz als nach dem Shannon'schen Theorem für die Übertragung eines Nf-Bandes von 20 kHz gefordert, ein gewisser Spielraum in der Filtersteilheit.

Während sich Telefunken bei der Mini-Disc für eine Abtastrate von 48 kHz entschied, wird die Compact Disc, die von Philips und Sony entwickelte digitale Platte, mit 44,1 kHz abgetastet. Bisher serienmäßig erhältliche PCM-Aufnahmegeräte mit feststehenden Köpfen weisen ebenfalls unterschiedliche Abtastfrequenzen auf, da sie unabhängig von Fernseh-Rasterfrequenzen arbeiten.

Bei den Harmonisierungsgesprächen scheinen zwei Abtastraten sowohl die Zustimmung der Industrie, als auch der öffentlichen Institutionen zu finden: 44,1 kHz im Consumer-Bereich und 48 kHz für alle anderen Anwendungen, wobei immer noch der Wunsch der EBU nach einer Abtastfrequenz von 32 kHz (Nutzbandbreite 15 kHz) offen bleibt.

Die kaum vermeidbaren Nahtstellen zwischen den auf unterschiedlichen Abtastraten aufgebauten, bereits vorhandenen Systemen und hinzukommenden Applikationen dürften sich durch neu entwickelte Abtastratenkonverter auf technisch elegante Weise, nämlich innerhalb der digitalen Ebene und damit ohne nennenswerten Qualitätsverlust für das Nf-Signal überbrücken lassen.

48 kHz werden – abgesehen vom geradzahligen Verhältnis zu 32 kHz – von Fachleuten als eine vielseitig passende Abtastfrequenz in Anwendungsbereichen empfohlen, bei denen digitale Tonsignale innerhalb anderer digitaler Informationen oder zwischen Fernseh-Synchronzeichen der Bildzeilen „verpackt" werden sollen (Sound-In-Sync, Sound-In-Vision).

1.7 Die Quantisierung

Auch nach Wandlung der Nf-Signale in PAM befinden wir uns immer noch in der analogen Signalebene, denn die Amplituden der Impulse können innerhalb eines positiven und negativen Höchstwertes unendlich viele unterschiedliche Zwischenstufen annehmen. Eine Demodulation des PAM-Signals würde das identische Abbild der Originalinformation ergeben. Der entscheidende Schritt entsteht durch den Quantisierungsprozeß, der die unendliche Zahl der möglichen Zwischenwerte auf eine endliche Anzahl reduziert, indem man nicht die Abtastamplitude selbst überträgt, sondern denjenigen Stufenmittelwert, in dessen Intervall der exakte Abtastwert liegt [1].

In einem vereinfachten System, wie es *Abb. 1.7.1* zeigt, ist der Wertbereich des analogen Signals in 16 diskrete Stufen aufgeteilt und entsprechend

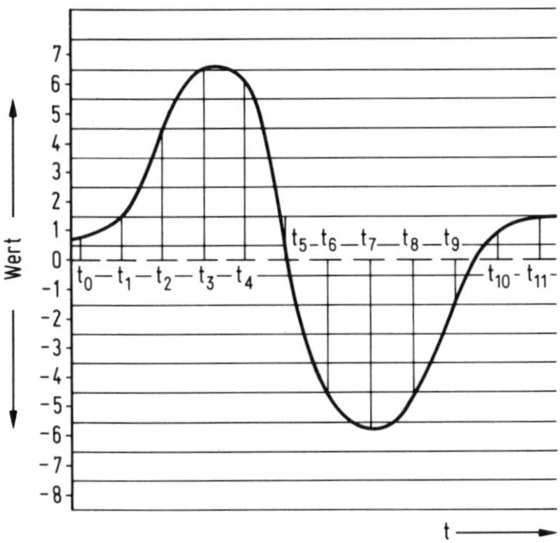

Abtastzeitpunkt	t_0	t_1	t_2	t_3	t_4	t_5	t_6	t_7	t_8	t_9	t_{10}	t_{11}
Wert	1	2	5	7	6	0	-5	-6	-5	-2	1	1
4-Bit-Code (Zweierkomplement)	0001	0010	0101	0111	0110	0000	1011	1010	1011	1110	0001	0001

Abb. 1.7.1 Durch die Quantisierung wird die unendlich große Zahl der möglichen Amplitudenwerte auf eine endliche reduziert

dem Signalwert im jeweiligen Abtastzeitpunkt, den einzelnen Mustern zugeordnet worden. Dann wandelt man diese diskreten Werte (von –8 bis +7) in einen Binärcode um.

Der Ausdruck „binär" besagt, daß nur zwei Zustände, nämlich 0 und 1 im Code vorkommen. Das Codewort enthält 4 Bits als Codeelemente, mit denen sich die 16 Zeilen in der Abb. 1.7.1 bezeichnen lassen ($2^4 = 16$). Allgemein ausgedrückt, können mit n Codeelementen 2^n Spannungswerte dargestellt werden. Das System ist bipolar, weil die Eingangsspannung positive oder negative Werte annehmen kann; dies ist der Normalfall bei Tonfrequenzsignalen. Die Codierung erfolgt hier im Zweierkomplement-Code, bei dem positive dezimale Zeilennummern als Potenzen zur Basis 2 dargestellt werden. Wenn das LSB (Least Significant Bit; Bit mit der geringsten Wertigkeit) rechts steht, dann gilt

$$7 = 0 \cdot 2^3 + 1 \cdot 2^2 + 1 \cdot 2^1 + 1 \cdot 2^0.$$

Negative Zeilennummern werden durch das Zweierkomplement dargestellt; hier wird der Status jedes Bits nur gegenüber dem positiven Wert vertauscht und 1 LSB hinzugefügt. Das MSB (Most Significant Bit; Bit mit der höchsten Wertigkeit) dient dann gleichzeitig zur Angabe des Vorzeichens; für positive Werte ist es Null. In praktischen Systemen bildet man Codewörter mit 14 Bit oder 16 Bit Länge.

Man bezeichnet die Umsetzung der Abtastmuster in einen digitalen Code als Quellencodierung (Source-Encoding). Durch diesen Vorgang ist aus der Puls-Amplituden-Modulation die Puls-Code-Modulation entstanden.

Die Räume zwischen den Zahlen, die den Amplitudenbereich des Signals unterteilen, werden als Quantisierungsintervall (Q) bezeichnet. Ein Digitalwort, das einem bestimmten Intervall zugeordnet ist, repräsentiert angenommenerweise einen analogen Spannungswert, der genau in der Mitte dieses Intervalls liegt. Da dies – statistisch gesehen – nicht immer zutrifft, geht tatsächlich beim Quantisierungsvorgang prinzipiell ein Teil der Originalinformation verloren, wenn man auch diesen Verlust durch Unterteilung in sehr viele Quantisierungsstufen verringern kann; 14-Bit-Worte ergeben z.B. $2^{14} = 16384$ Stufen. Sind die Quantisierungsintervalle für gleiche Spannungswerte untereinander gleich groß, so ist die Quantisierung gleichförmig.

1.8 Quantisierung und Nutzdynamik

Das Verhältnis von maximaler Signalamplitude zum Rundungs- oder Quantisierungsfehler stellt eine wichtige Bewertungsgröße für ein digitales System dar und hängt unmittelbar von der Bit-Anzahl des Konversionsprozesses ab. Der maximale Quantisierungsfehler tritt bei dem Augenblickswert des Analogsignals auf, der sich gerade an der Begrenzung des Quantisierungsintervalls befindet; der Fehler ist dann halb so groß wie eine Quantisierungsstufe. Er ist eine statistische Zufallsgröße, die von Abtastmuster zu Abtastmuster unterschiedliche Werte annimmt, wenn das Signal in seiner Amplitude schwankt und breitbandige Spektralanteile enthält; dabei kann jeder beliebige Wert zwischen + Q/2 und – Q/2 mit gleicher Wahrscheinlichkeit auftreten (Q ist die Größe des Quantisierungsintervalls). Da kein vorhersagbarer Zusammenhang zwischen dem Fehler eines Abtastmusters und dem des nächsten besteht, ist auch die spektrale Energie des Fehlersignals gleichmäßig über die gesamte Bandbreite verteilt.

Man kann somit davon ausgehen, daß die Quantisierungsverzerrungen den gleichen Höreindruck ergeben wie weißes Rauschen. Wenn man den Maximalpegel eines Sinussignals und den Effektivwert des Quantisierungsfehlers zueinander in Relation setzt, läßt sich ein Bewertungskriterium für den Störspannungsabstand schaffen.

Bei einem idealen n-Bit-Konverter ist die Anzahl der möglichen Quantisierungsintervalle N:

$$N = 2^n \qquad (1)$$

Wenn eine Spannung U_{SS} mit N Intervallen quantisiert wird, ist das Quantisierungsintervall Q:

$$Q = \frac{U_{SS}}{N - 1} \qquad (2)$$

Unter der Voraussetzung, daß sich die Quantisierungsverzerrungen mit gleicher Wahrscheinlichkeit innerhalb ± Q/2 verteilen, nimmt die Quantisierungs-Störleistung N den Wert

$$N = \frac{2}{Q} \int_0^{\frac{Q}{2}} x^2 dx = \frac{2}{Q} \cdot \frac{\left(\frac{Q}{2}\right)^3}{3} = \frac{1}{12} \cdot Q^2 \qquad (3)$$

an. Eine sinusförmige Signalspannung mit dem Spitzenwert U_{SS} hat die Signalleistung S, bezogen auf die volle Periode.

$$S = \frac{1}{2\pi} \int_{o}^{2\pi} \left(\frac{U_{SS}}{2} \cdot \sin x \right)^2 dx = \frac{1}{8} \cdot U_{SS}^2 \qquad (4)$$

Aus den vorangegangenen Gleichungen läßt sich der Quotient aus Signalleistung und Quantisierungs-Störleistung berechnen; dabei wird aus (2) substituiert

$$\frac{S}{N} = \frac{\frac{U_{SS}^2}{8}}{\frac{Q^2}{12}} = \frac{\frac{U_{SS}^2}{8}}{\frac{U_{SS}^2}{12\,(N-1)^2}} \qquad (5)$$

Für $N \gg 1$ nimmt $\frac{S}{N}$ den Wert $\frac{S}{N} \approx \frac{3}{2} \cdot N^2$ an.

Wird (1) eingesetzt, dann entsteht

$$\frac{S}{N} = \frac{3}{2} \cdot 2^{2n} = 3 \cdot 2^{2n-1}$$

Die Umformung dieser Beziehung in den logarithmischen Maßstab ergibt

$$\frac{S}{N}(\mathrm{dB}) = 10 \cdot \log \frac{S}{N} = 10 \cdot \log 3 \cdot 2^{2n-1}$$

und nach weiterer Umformung

$$\frac{S}{N} = 6{,}02n + 1{,}76\ (\mathrm{dB}),$$

mit n = Anzahl der Quantisierungsbits. Jedes Bit verbessert den Störspannungsabstand um den Faktor 2 (6 dB). Fast 2 dB werden durch die endliche Signal-Bandbreite (etwa 20 kHz) gewonnen.

Bei gleichförmiger Quantisierung besteht folgender Zusammenhang zwischen der Datenwort-Länge n, dem Störspannungsabstand in dB und der Anzahl der Quantisierungsstufen $q = 2^n$:

n	dB	q
12	74	4096
14	86,04	16384
16	98,08	65536
18	110,12	262144

Der praktisch erreichbare Störspannungsabstand ist wegen der unvollkommenen Eigenschaften der Schaltungs-Komponenten meist geringer.

Dynamikanforderungen

Der recht einfache Zusammenhang zwischen Dynamikumfang und der Anzahl der Quantisierungsbits legt den Gedanken nahe, möglichst viele Quantisierungsstufen einzuführen, um die Nutzdynamik zu vergrößern und gleichzeitig den Quantisierungsfehler zu verringern.

Praktisch sind solche Bestrebungen jedoch kaum zu realisieren, da jedes zusätzliche Quantisierungsbit den Datenstrom um rd. 90 kBit/s (Stereo) zunehmen läßt und die Aufzeichnungsdichte erheblich erhöhen würde. Außerdem ist ein marktfähiges Preis/Leistungsverhältnis auf absehbare Zeit höchstens bei A/D- und D/A-Konvertern in 16-Bit-Ausführung zu erreichen, ganz abgesehen von den Anforderungen an die S/H-Stufen, die sich bereits bei 18-Bit-Quantisierung an der Grenze des physikalisch Möglichen bewegen.

Einige zukünftige Entwicklungen in der Tontechnik zielen darauf, die digitale Kette von der Aufnahme des Originalsignals bis zur Reproduktion in bezug auf die Datenwortlänge zu stufen. An den Stellen des Übertragungsweges, wo man die aufzuzeichnenden Spitzenpegel nicht genau kennt und deshalb eine Aussteuerungsreserve vorzusehen ist, wäre dann der Dynamikbereich am größten. Hingegen würden in allen nachfolgenden Bearbeitungsstadien, bei denen die Maximalpegel bekannt sind, geringere Dynamikreserven genügen; im Optimalfall ist der Headroom kleiner als ein Quantisierungsbit. Zu bedenken ist stets, daß nicht ausgenutzte Bits den mit einem bestimmten Hardwareaufwand gewonnenen Dynamikbereich wieder verschenken.

Die Erfahrungen der Schallplattenindustrie zeigen, daß ein Qualitätsunterschied zwischen 14-Bit- und 16-Bit-Quantisierung allenfalls bei ungenügender Wandler-Linearität des 14-Bit-Konverters hörbar ist; vom System her wird die tonale Auflösung auch bei der geringeren Quantisierung allgemein als ausreichend angesehen.

Ganz anders wird der Unterschied in bezug auf die Nutzdynamik beurteilt; je nach Programmaterial kann auch ein Rauschboden von etwa 86 dB (Effektivwert, bewertet) unter Vollpegel wahrgenommen werden. Wegen der notwendigen Dynamikreserven weist auch das Compact Disc Digital Audio System eine gleichförmige 16-Bit-Quantisierung auf.

Zusätzliche Dynamikreserven von etwa 10 dB lassen sich darüber hinaus durch eine Vorentzerrung (Preemphasis), etwa mit den Zeitkonstanten 50 µs + 15 µs erreichen, wie sie auch in der EIA-J-Standardisierung zu finden ist; die an sich lineare Aussteuerbarkeit bei hohen Frequenzen (einer der Vorteile digitaler Aufzeichnungen) schränkt man mit diesem Kunstgriff allerdings ein.

1.9 Unterdrückung von Quantisierungsverzerrungen

Obwohl die Quantisierungsfehler von der spektralen Energieverteilung her dem weißen Rauschen sehr ähnlich sind, gibt es Fälle, wo sie stärker wahrnehmbar werden, als es der gemessene Störabstand vermuten läßt. Bei geringen Pegeln, für die bei gleichförmiger Quantisierung im Extremfall nur noch ein Bit zur Verfügung steht, wird aus einer Sinuswelle ein Rechteck. Die entstehenden Oberwellen können – je nach Frequenz des Originalsignals – als Aliasing-Frequenzen in den Übertragungsbereich fallen und liegen z.T. sogar unterhalb der Originalfrequenz. Da hierbei jegliche Maskierung durch natürliche Oberwellen wegfällt, stören die Verzerrungskomponenten stärker als die „klassischen“ nichtlinearen Verzerrungen zweiter oder dritter Ordnung. Im englischen Sprachbereich werden sie als Granulation Noise bezeichnet.

Hörtests ergaben, daß man die Wahrnehmbarkeit dieser Störungen in die Größenordnung von weißem Rauschen bringen kann, wenn der Störspannungsabstand um 10. . .12 dB (zwei zusätzliche Quantisierungsbits) vergrößert würde. Eine solche Maßnahme verbietet sich jedoch aus wirtschaftlichen Gründen. Man setzt daher dem Eingangssignal einen geringen Anteil eines breitbandigen Signals mit rein statistischer Energieverteilung zu, dessen Spitzenwert genau einem Quantisierungsintervall entspricht. Dieses Dither genannte Zusatzsignal bewegt – vereinfacht ausgedrückt – die LSB's nach einer Zufallsfunktion und erzeugt dadurch ein breitbandiges, konstantes (und damit relativ mildes) weißes Quantisierungsrauschen, das den Granulation-Effekt völlig maskiert. Es ist ferner nicht unüblich, das Restrauschen der analogen Eingangs- und Filterstufen als Dither einzusetzen.

1.10 Aufbau und Funktionsweise von A/D- und D/A-Konvertern

Die Konvertereigenschaften üben auf die Qualität des gesamten digitalen Systems einen entscheidenden Einfluß aus. Der Umsetzungsvorgang stellt außerordentliche Ansprüche an die Genauigkeit der Bauelemente, die sich – solange es keine speziellen Konzepte für die Massenfertigung gab – in recht hohem Preis äußerten. Bei einer Abtastfrequenz von 48 kHz fällt alle 20 μs ein Muster an, so daß diese Zeit zur Umsetzung in ein komplettes 14- oder 16-Bit-Wort ausreichen muß. Die Verarbeitungsgeschwindigkeit ist dementsprechend groß und erfordert hohe interne Taktfrequenzen, die – wenn man nicht besondere Kunstgriffe anwendet – eine Integration auf einem Halbleiter-Chip nicht erlauben.

Soll der gesamte, von der Datenwortlänge vorgegebene Dynamikumfang vom Konverter umgesetzt werden können, so muß z.B. bei einem 16-Bit-Konverter mit einem Eingangsspannungsbereich von ± 10V die Auflösung (Minimalspannung für die Bestimmung des LSB)

$$U_o = \frac{20}{2^{16}-1} \approx 3{,}05 \cdot 10^{-4} = 305\ \mu V \text{ betragen.}$$

Der Quantisierungsfehler von ± 1/2 LSB dagegen ist eine prinzipielle Entscheidungsunsicherheit, die sich nicht beseitigen läßt.

Verschiedene Probleme, die mit hybriden oder diskreten Schaltungsaufbauten verbunden sind, wie thermische Konstanz, Monotonie sowie Stabilität des Bauelemente-Abgleichs lassen sich durch Integration lösen, erfordern jedoch eine besondere Schaltungsarchitektur. In Form von integrierten Schaltungen lassen sich Wandlerbausteine zudem preisgünstig herstellen.

Die A/D-Konverter können in drei Hauptgruppen eingeteilt werden, die im internationalen Schrifttum viele unterschiedliche Bezeichnungen tragen:

- Parallelkonverter
- Zähl- oder integrierende Konverter, bei denen eine Zwischengröße (Frequenz, Spannung) zur Umsetzung dient
- in Stufen arbeitende Konverter (Wägekonverter, Konverter mit sukzessiver Approximation).

Der Parallelkonverter eignet sich zwar für schnelle Umsetzvorgänge, ist aber aufwendig, da er für jede Quantisierungsstufe eine Referenzstromquelle und eine Vergleicherschaltung benötigt; er scheidet daher für Massenanwendungen aus.

Im Spannungsanstieg-Zähl-Konverter (Ramp Counting Converter, Single Slope Converter, Integrating Converter) nach *Abb. 1.10.1* wird das Eingangssignal mit einer zeitlinear ansteigenden Referenzspannung U_{ref} verglichen, die einen Integrationskondensator auflädt. Zum Startzeitpunkt des Anstiegs wird gleichzeitig ein Zählvorgang ausgelöst, der solange dauert, bis die Referenzspannung so groß wie das Eingangssignal wird. Im gleichen Zeitpunkt wechselt der Komparator seinen Status und hält den Zähler an. Der Zählerstand wird in einen Zwischenspeicher (Register) übertragen und an den Digitalausgang weitergegeben; er ist linear mit der Größe der Eingangsspannung verknüpft. Derartige Wandler sind normalerweise für Audio-Applikationen zu langsam, da der gesamte umzusetzende Spannungsbereich, d.h. alle Quantisierungsstufen durchgezählt werden müßten. Die Umsetzgeschwindigkeit läßt sich erhöhen, wenn man zwei unterschiedlich ansteigende Referenzspannungen verwendet (Dual-Slope-Konverter), so daß die Bits höherer Ordnungszahlen einen kürzeren Zeitabschnitt benötigen, und dann mit einer langsamer ansteigenden Spannung eine höhere Genauigkeit erzielt wird.

Weitaus schneller und deshalb stärker verbreitet sind Konverter, die ein der Eingangsspannung entsprechendes Digitalwort durch sukzessive Approximation (schrittweise Annäherung) nachbilden *(Abb. 1.10.2)*. Ein D/A-Konverter im Rückführungspfad erhält eine im Successive-Approximation-Register (SAR) aus dem analogen Eingangssignal nach einer bestimmten Rechenvorschrift gewonnene Spannung, während sein Ausgang durch einen Komparator mit dem Analogsignal verglichen wird.

Beim Beginn der Umsetzung setzt das SAR nur das MSB des D/A-Konverters auf „1“, so daß seine Ausgangsspannung sich auf die Hälfte des Gesamtbereichs einstellt. Liegt die Eingangsspannung unter diesem Wert, wird das MSB auf „0“ gesetzt und das 2SB auf „1“. Ist das Eingangssignal größer, so

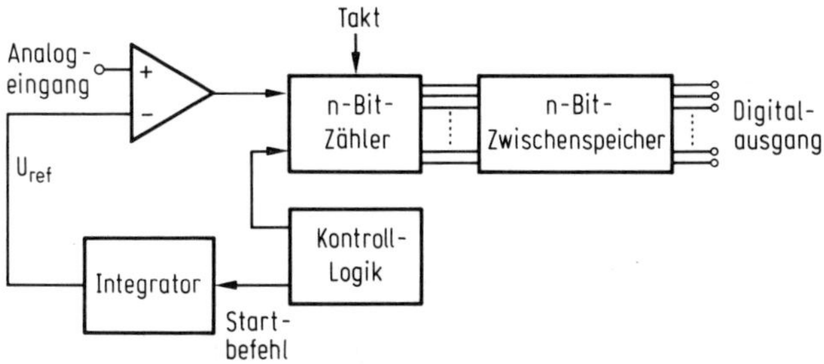

Abb. 1.10.1 Im Zählkonverter wird das analoge Eingangssignal mit einer zeitlinear ansteigenden Referenzspannung verglichen, die einen Integrations-Kondensator auflädt. Ein mitlaufender Zähler stoppt dann, wenn die Referenzspannung genau so groß wie die Eingangsspannung ist. Der Zählerstand entspricht der Größe des analogen Eingangssignals

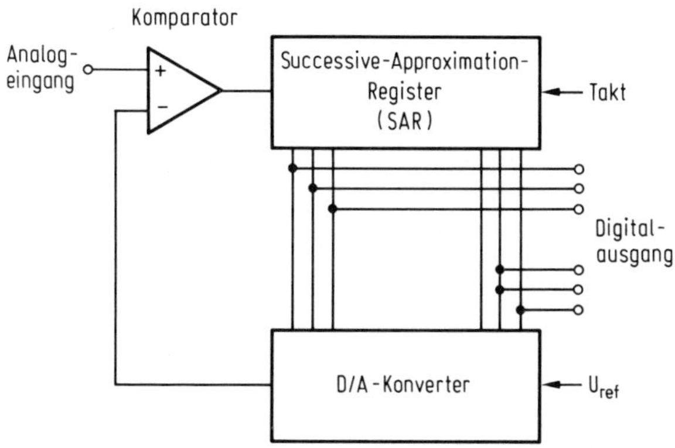

Abb. 1.10.2 Der SAR-Konverter enthält einen D/A-Konverter im Rückführungspfad, dessen Ausgang einen Komparator ansteuert. Im SAR-Register erfolgt eine schrittweise Bestimmung der einzelnen Bits des Digitalsignals (MSB zuerst), bis der Registerinhalt über den D/A-Konverter den Komparator mit dem gleichen Spannungswert ansteuert, wie der Momentanwert der Eingangsspannung ist

bleibt das 2SB auf „1“ und das 3SB wird auf „1“ gesetzt. Auf diese Weise nähert sich die Ausgangsspannung des D/A-Konverters der Größe des Eingangssignals, bis das LSB bestimmt und eine minimale Differenz erreicht ist.

Auf dem SAR-Prinzip beruht der hybrid aufgebaute 14-Bit-A/D-Konverter EHKMA-6193 von Matsushita; er enthält einen monolithischen D/A-Chip.

Die insgesamt erreichbare Konvertergenauigkeit hängt je nach Wandlerprinzip von verschiedenen Größen ab; bei den einfachen Integrationsverfahren ist hauptsächlich die Stabilität des Zähltaktes von Einfluß, während

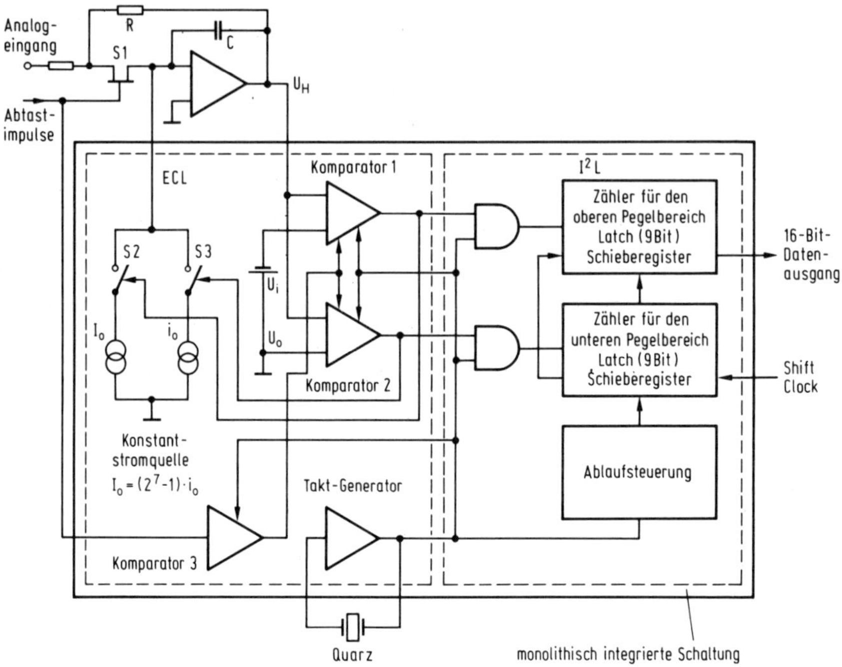

Abb. 1.10.3 Blockschaltung des 16-Bit-Dual-Slope-Konverters CX-899 von Sony

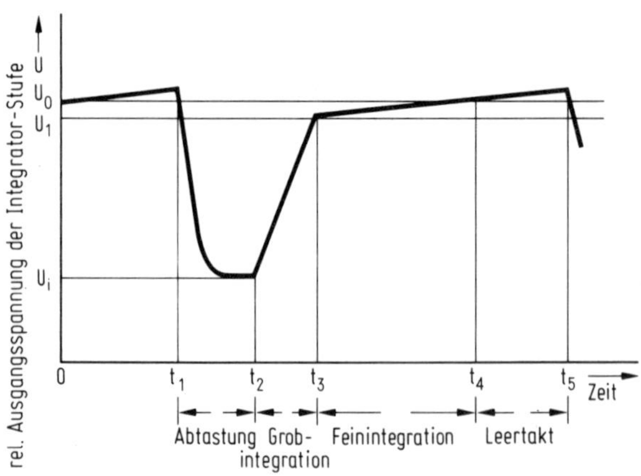

Abb. 1.10.4 Die A/D-Umsetzung erfolgt beim Dual-Slope-Konverter in vier Phasen

SAR-Konverter einen sorgfältigen Abgleich der Widerstandsnetzwerke im D/A-Konverter erfordern.

Nach der Dual-Slope-Methode arbeitet der 16-Bit-A/D-Konverter CX-899 von Sony; er ist eine monolithisch integrierte Ausführung in I^2L- bzw. ECL-Technologie. Die Blockschaltung zeigt *Abb. 1.10.3.* Die Umsetzung erfolgt in vier Phasen *(Abb. 1.10.4):*

1. Abtastung ($t_1 \ldots t_2$)
Zur Zeit t_1 schließt der FET-Schalter S_1; der Momentanwert des Eingangssignals lädt das Halteglied (Operationsverstärker und Integrationskondensator C) auf. S_2 und S_3 sind geöffnet.

2. Grobintegration ($t_2 \ldots t_3$)
Die Schalter S_2 und S_3 schließen zur Zeit t_2; die Stromquellen $I_o + i_o$ entladen den Integrationskondensator.

3. Feinintegration ($t_3 \ldots t_4$)
Sobald die Entladespannung des Integrators den Schwellwert U_T erreicht, schaltet der Komparator 1 durch und öffnet damit S_2. C wird nur noch durch den Referenzstrom i_o entladen.

4. Leertakt ($t_4 \ldots t_1$)
Erreicht die Ausgangsspannung des Integrators den Wert U_o, wird der Zähltakt angehalten.

Die Grobintegration erfaßt dabei den Bereich vom MSB bis 9SB, während die Feinintegration von 10SB bis zum LSB wirksam ist. Das Verhältnis zwischen beiden Referenzströmen zusammen zum Feinreferenzstrom $(I_o + i_o) / i_o$ wurde mit 128/1 festgelegt. Die Konverter-Genauigkeit liegt innerhalb 1 LSB und konnte mit ungetrimmten Polisilizium-Widerständen erzielt werden; dabei ist völlige Monotonie gewährleistet (Klirrfaktor 0,0028%). Die Implementierung erfolgte auf einem Chip mit den Abmessungen 1,5 μm x 2,5 μm mittels I^2L-Technologie. Der Systemtakt ließ sich durch die Doppelintegration auf 50 MHz erniedrigen; bei Einfachintegration hätte er (bei 48 kHz Abtastfrequenz) ca. 3,3 GHz betragen müssen und somit eine Umsetzung der Konverterschaltung in ein IC nicht zugelassen.

Eines der Funktionsprinzipien von D/A-Konvertern ist die Stromgewichtung *(Abb. 1.10.5).* Jedes Bit des am Eingang anliegenden Wortes steuert einen Schalter, der einen bestimmten Strompfad öffnet oder schließt. Mehrere Teilströme werden aufsummiert und einem Ausgangspuffer zugeführt. Allerdings ergeben sich beim praktischen Aufbau große Schwierigkeiten,

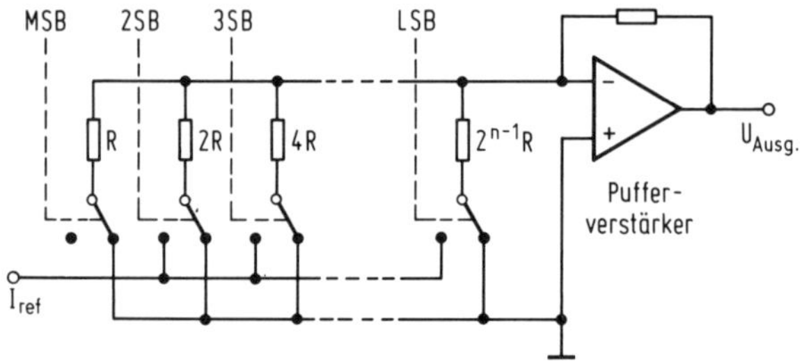

Abb. 1.10.5 D/A-Konverter mit Einzelwiderständen für die Stromgewichtung (2^nR-Konverter)

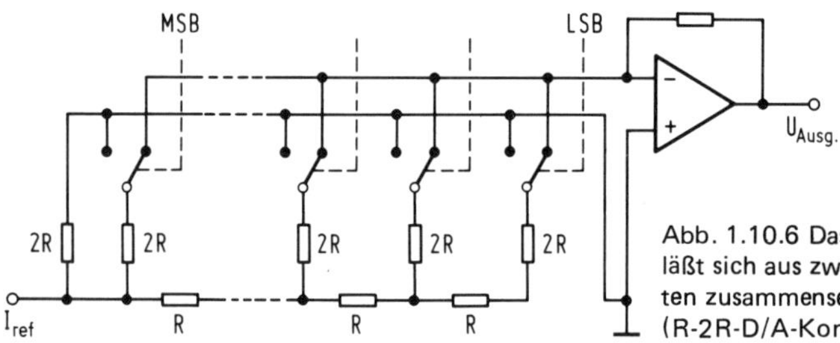

Abb. 1.10.6 Das Gewichtsnetzwerk läßt sich aus zwei Widerstandswerten zusammensetzen (R-2R-D/A-Konverter)

da ein n-Bit-Konverter mit n Präzisionswiderständen über einen Wertebereich von $1:2^{n-1}$ beschaltet werden muß (2^nR-Konverter). In einem 16-Bit-Konverter müßte z.B. der vom MSB gesteuerte Widerstand eine Genauigkeit von 0,003% langzeitstabil und bei allen Betriebstemperaturen aufweisen.

Eine Vereinfachung dieses Aufbaus ergibt sich, wenn man das Gewichtungsnetzwerk aus Widerständen gleicher Werte zusammensetzt. Der R-2R-D/A-Wandler nach *Abb. 1.10.6* enthält nur zwei Widerstandswerte, von denen der eine doppelt so groß wie der andere ist; dabei müssen nur die Widerstände der oberen Significant Bits geringere Toleranz aufweisen.

Der bipolare 16-Bit-D/A-Konverter TA-3010 von Hitachi benutzt eine Kombination beider Methoden; das Digitalwort am Eingang wird in vier Blöcke zu je vier Bit aufgeteilt und einem Gewichtungsnetzwerk mit den Widerständen R, 2R, 4R, 8R zugeführt. Die Ausgangsströme $I_1 \ldots I_4$ der Blöcke können dann in einer Widerstandsleiter summiert werden *(Abb. 1.10.7)*. Wegen des Trimmvorganges sind die Dünnfilmwiderstände nicht auf dem Halbleiterchip innerhalb der gestrichelten Linie zu finden. Die Schalter $S_3 \ldots S_{16}$ bestehen in Wirklichkeit aus bipolaren Gattern, wie bei S_1 und S_2 angegeben.

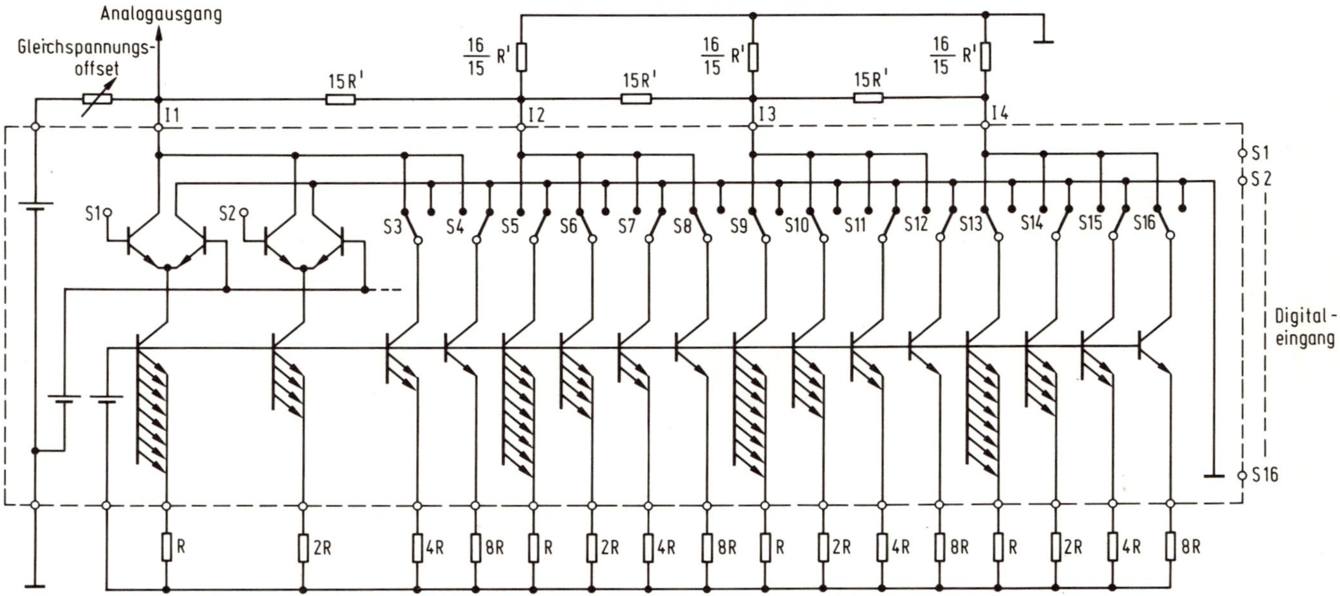

Abb. 1.10.7 16-Bit-D/A-Konverter TA-3010 von Hitachi

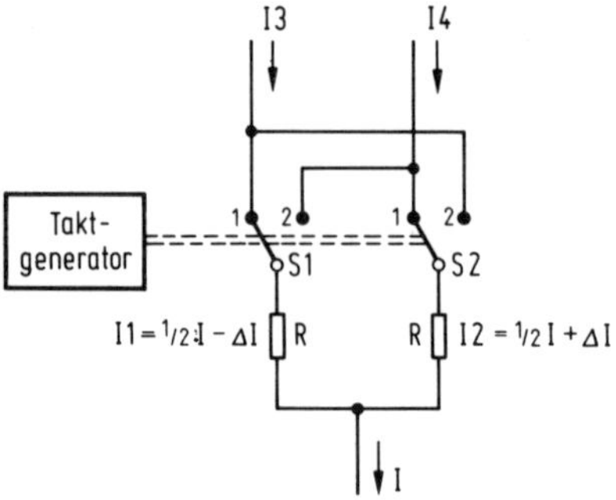

Abb. 1.10.8 Schematische Darstellung des aktiven Stromteilers in einem DEM-Konverter

Ein Wandler, der keinen Netzwerkabgleich benötigt und gute Langzeitkonstanz aufweist, arbeitet nach dem Prinzip des dynamischen Element-Abgleichs (Dynamic Element Matching, DEM); er eignet sich für die IC-Fertigung. Anstelle von hochpräzisen Widerständen zur Bestimmung der Einzelstromquellen I, 1/2 I, 1/4 I, 1/8 I, . . . wird hier eine Kombination aus einem passiven Widerstandsnetzwerk und zeitabhängiger Steuerung des Stromflusses benutzt. Dieser aktive Stromteiler (SCD-Switched Current Divider) in der schematischen Darstellung nach *Abb. 1.10.8* besteht aus den beiden mechanisch verbundenen Schaltern S_1 und S_2 sowie den beiden Widerständen R, die keine besondere Genauigkeit aufweisen müssen. Die Ströme I_1 und I_2 enthalten daher gleichermaßen einen Differenz-Wechselstrom, der proportional zum Teilungsfehler des Netzwerkes ist:

$$I_1 = 1/2\,I - \Delta I$$
$$I_2 = 1/2\,I + \Delta I$$

Beide Ströme fließen über die Schalter S_1 und S_2, die gemeinsam von einer Taktfrequenz mit der Periode T umgeschaltet werden. Angenommen, der Schalter ist während t_1 mit dem Anschluß 1, und während t_2 mit dem Anschluß 2 verbunden, so stellt sich der Mittelwert der Ströme I_3 und I_4 ein, der vom Tastverhältnis abhängt. Obwohl auch das Tastverhältnis des Schalttaktes einen Fehler T aufweisen kann, wird der Gesamtfehler des Stromteilers

$$R = 4 \cdot \frac{\Delta T}{T} \cdot \frac{\Delta I}{I}$$

Hat z.B. das Tastverhältnis eine Genauigkeit von 0,01% und der Stromteiler eine Genauigkeit von 1%, so resultiert daraus ein Gesamtfehler von

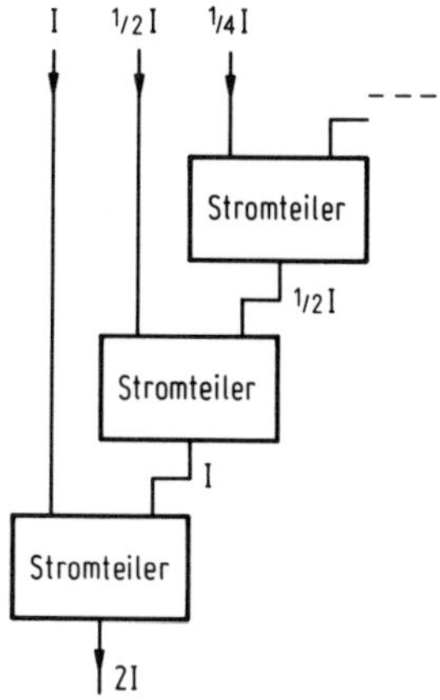

Abb. 1.10.9 Kaskadierung der Stromleiterstufen im DEM-D/A-Konverter ergibt ein hochpräzises Bewertungsnetzwerk

$4 \cdot 10^{-6}$, der klein genug für 14-Bit- und 16-Bit-Anwendungen ist. Da der Ausgangsstrom eine Restwelligkeit aufweist, ist eine externe Beschaltung mit einem Glättungskondensator nötig. Durch Kaskadierung mehrerer Stromteilerstufen nach *Abb. 1.10.9* läßt sich ein genaues Bewertungsnetzwerk erhalten.

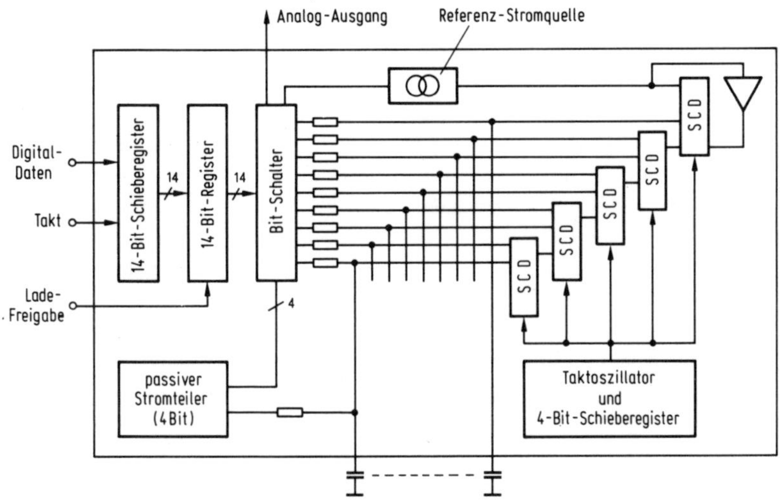

Abb. 1.10.10 Integrierter 14-Bit-D/A-Konverter TDA-1540 nach dem Dynamic-Element-Matching-Prinzip von Valvo

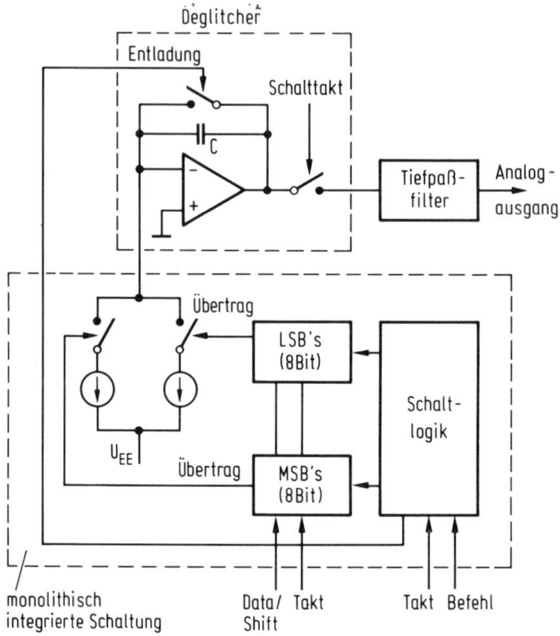

Abb. 1.10.11 16-Bit-D/A-Konverter nach dem Dual-Slope-Prinzip von Sony

In dem bipolaren integrierten D/A-Konverter TDA-1540 von Valvo wurden die Stromteiler etwas abgewandelt, da ein 14-Bit-Teilernetzwerk eine recht hohe Betriebsspannung erfordern würde *(Abb. 1.10.10)*. Fünf aktive SCD-Stufen sind hier mit vier passiven Netzwerken kombiniert und ergeben einen günstigen Kompromiß zwischen der erreichbaren Genauigkeit und der Höhe der Versorgungsspannung. Jede Teilerstufe ist zur Unterdrückung der Welligkeit separat am Ausgang mit einem RC-Tiefpaß beschaltet. Das IC kann Bitraten bis 12 MBit/s am Eingang verarbeiten [9].

Ebenfalls ein 28poliges DIL-Gehäuse hat der 16-Bit-D/A-Konverter CX-890 von Sony, der nach dem Doppelintegrations-Prinzip (Dual-Slope) arbeitet *(Abb. 1.10.11)*. Je nach dem Stand der Zähler für die acht MSB's oder acht LSB's werden zwei Stromquellen mit der Wertigkeit 1:128 geschaltet. Der interne Zähltakt hat den 128fachen Wert der Abtastfrequenz; Taktfrequenzen bis zu 33 MHz sind möglich. Infolge der hohen Schaltgeschwindigkeit läßt sich ein einziger Konverter im Multiplex-Betrieb für beide Stereo-Kanäle verwenden. Der Klirrfaktor beträgt 0,0022%.

1.11 Ungenauigkeiten in Wandlersystemen

Abweichungen von der idealen Eingangs/Ausgangs-Charakteristik der A/D- und D/A-Konverter können in mehrerer Hinsicht auftreten. In *Abb. 1.11.1* bedeuten: a = ideale Kennlinie, b = Offset-Fehler, c = Verstärkungsfehler und d = Linearitätsfehler. Während c durch Verstärkungsänderung im Ausgangsverstärker in gewissem Maße kompensiert werden kann, bewirkt b eine Verschiebung des Gleichspannungsniveaus und damit der Aussteuerungsbereiche für positive bzw. negative Halbwellen. Das Entstehen einer Gleichspannungskomponente dagegen fällt bei Nf-Anwendung nicht so sehr ins Gewicht. Nichtlinearität der Wandlerkennlinie hat ähnliche Erscheinungen zur Folge wie in analogen Schaltungen (höherer Klirrfaktor); sie wird ebenso durch den Analogteil der Konversionskette verursacht wie vom Digitalteil des Wandlers selbst.

Abb. 1.11.2 zeigt in vergröberter Darstellung verschiedene Fehlermöglichkeiten innerhalb der Quantisierungsintervalle, wobei die Skala a als Referenz dient. Die Quantisierungsfehler der Skala b sind kleiner als ± 0,5 LSB, obwohl der Abstand zwischen A und B sehr gering wird und die Stufe zwischen B und C fast 2 LSB erreicht. Da trotzdem zwischen dem Pegelbereich einer niederwertigen Quantisierungsstufe und dem der folgenden, höherwertigen keine Überschneidung stattfindet, wird die Wandlerkennlinie als monoton bezeichnet.

Auf der Skala c ist der Fehler größer als 0,5 LSB; er beträgt für den Pegel C fast 1,5 LSB. Insgesamt sind die Unterschiede benachbarter Intervalle recht klein, d.h. trotz eines großen absoluten Fehlers ist der relative Fehler

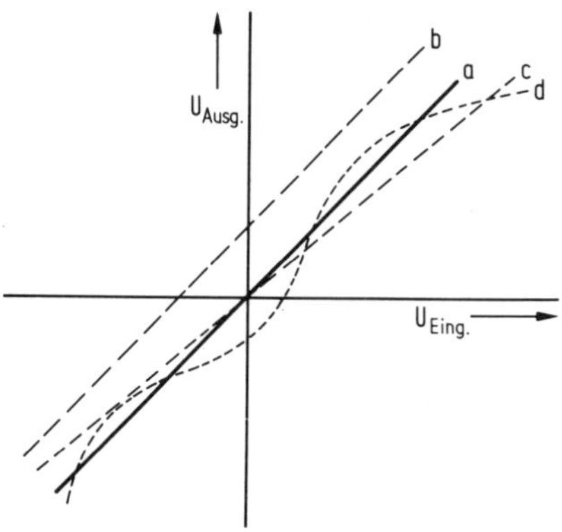

Abb. 1.11.1 Konverterfehler: a = ideale Kennlinie, b = Offset-Fehler, c = Verstärkungsfehler, d = Linearitätsfehler

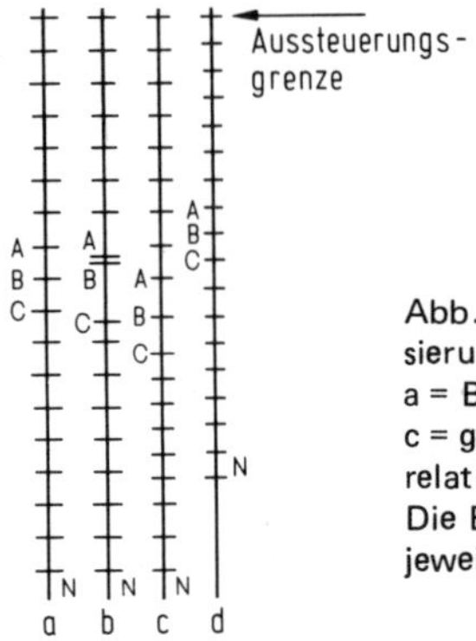

Abb. 1.11.2 Unterschiedliche Quantisierungsfehler bei einem D/A-Konverter: a = Bezugsskala; b = Fehler ±0,5 LSB; c = große Absolutfehler mit kleinen relativen Fehlern; d = Verstärkungsfehler. Die Buchstaben A, B, C und N bezeichnen jeweils dasselbe Digitalwort

gering. Auch die Skala d zeigt einen großen absoluten Fehler aufgrund einer Verstärkungsänderung; die Quantisierungsstufen sind untereinander jedoch gleich.

Unterschiede innerhalb der Quantisierungsintervalle bestimmen ferner das Rauschverhalten des Konverters, d.h. ungleichmäßige Intervalle bewirken Unregelmäßigkeiten in der Verteilung des Rauschens. Diese Tatsache macht sich bei tieffrequenter Ansteuerung als Modulationsrauschen bemerkbar, da hier der Konverter seinen Pegelbereich relativ langsam durchfährt. Aber auch der absichtlich erzeugte Rauschanteil des Dithers wird durch ungleichmäßige Intervalle in seiner spektralen Verteilung beeinflußt, so daß er – soll eine optimale Verdeckung des Granulation Noise erfolgen – immer nur für eine mittlere relative Genauigkeit der Quantisierungsstufen dimensioniert werden kann. Ungenügende Konverterstabilität wirdkt sich somit deutlich auf das Rauschverhalten eines Systems aus, bei dem Dither verwendet wird.

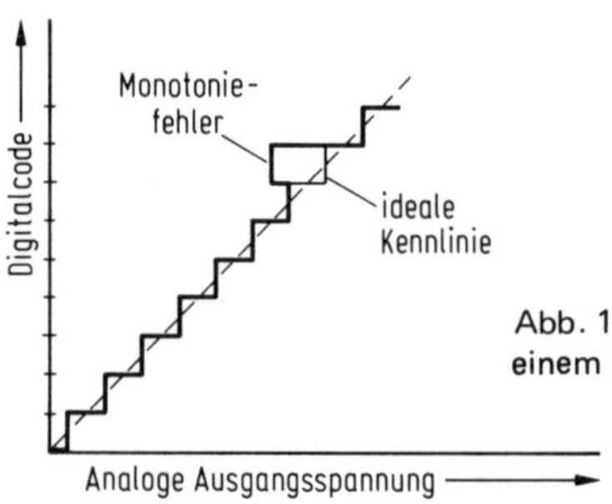

Abb. 1.11.3 Monotoniefehler bei einem D/A-Konverter

Der Monotonie-Fehler läßt sich nach *Abb. 1.11.3* an einem D/A-Konverter so darstellen, als ob die Übertragungscharakteristik abrupt für einen oder mehrere aufeinanderfolgende Codeschritte die Richtung wechselt. Der entsprechende analoge Ausgangswert wird dann beim Erreichen des nächsthöherwertigen Codeschrittes nicht größer, sondern kleiner; ebenso denkbar ist die umgekehrte Möglichkeit d.h. „absteigende" Codeschritte ergeben keine Verringerung des Momentanwertes der Analogspannung. Die entstehende Nichtlinearität kann auf einen bestimmten Pegelbereich eines Quadranten bzw. einer Halbwelle begrenzt sein; sie verursacht stark oberwellenhaltige Verzerrungen.

1.12 Übersteuerungsverhalten der Konverterstufen

Hohe, unerwartete Spitzen im Programmpegel, die den zulässigen Amplitudenbereich übersteigen, stellen in einem Nf-Signale verarbeitenden Gerät nichts Ungewöhnliches dar. In der digitalen Audiotechnik gewinnt dieses Problem jedoch besondere Bedeutung. Wird nämlich der Arbeitsbereich des A/D-Konverters überschritten (theoretisch genügt dafür ein übersteuertes Abtastmuster), so setzt der Konversionsprozeß das Signal in den maximalen Wert eines Digitalwortes bzw. den komplementären Wert bei Übersteuerung durch eine negative Halbwelle um. Das entspricht einem Clipping nach dem Tiefpaßfilter, bei dem die entstandenen Oberwellen als Aliasing-Frequenzen völlig neue und unharmonische Frequenzanteile im Durchlaß- und Sperrbereich erzeugen (Abb. 1.2.3). Da das Ohr auf solche kurzzeitigen Verfälschungen des Amplitudenverlaufes und des spektralen Gehaltes eines Signals sehr empfindlich reagiert, sind Aussteuerungsmesser nach DIN 45406 bzw. IEC 268–10 mit einer Integrationszeit von 10 ms für 0-dB-Anzeige zu langsam, um kurze, übersteuernde Pegelspitzen erfassen zu können.

Zwischen der normgemäßen Pegelüberwachung am Ausgang analoger Mischpulte und dem wahren Pegel am Eingang der Konverterstufen kann somit ein deutlicher Unterschied bestehen. VU-Meter mit einer Integrationszeit von etwa 200 ms scheiden aus diesem Grund für die Pegelanzeige bei Digitalgeräten völlig aus, es sei denn, man berücksichtigt eine extrem große, unökonomische Aussteuerungsreserve.

Abb. 1.12.1 LED-Pegelanzeige mit Spitzenwertspeicherung an der digitalen Mehrkanalmaschine PCM-3324. Die Ansteuerung erfolgt unmittelbar aus der digitalen Ebene (Werkbild Sony)

Auch ein Eingangssignal mit einem Pegel knapp unterhalb der Aussteuerungsgrenze, kann hinter dem Tiefpaßfilter einen höheren Spitzenwert durch einen möglichen nichtlinearen Phasenverlauf im Filter aufweisen.

Die zuverlässigste Überwachungsmethode stellt daher die entsprechende Decodierung der Bitmuster selbst dar, so daß die Anzeigeelemente unmittelbar aus der digitalen Ebene angesteuert werden. *Abb. 1.12.1* zeigt eine solche Aussteuerungsüberwachung bei der Mehrkanalmaschine PCM-3324 von Sony.

Anzeigen mit Spitzenwert-Speicherung können ebenfalls die genaue Aussteuerung erleichtern. Viele digitale Aufnahmegeräte sind zusätzlich mit

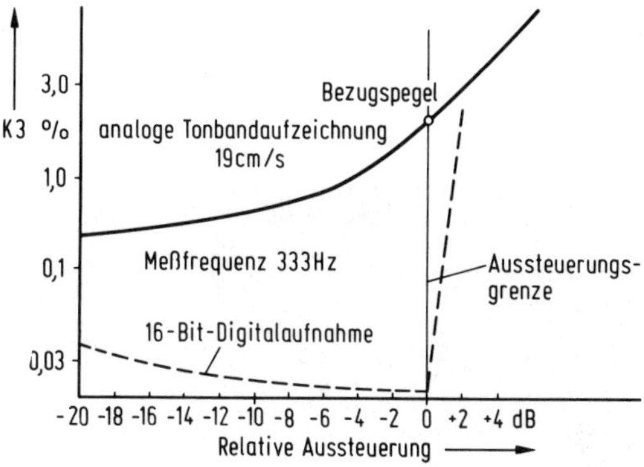

Abb. 1.12.2 Prinzipieller Verlauf des Klirrfaktors k_3 in Abhängigkeit von der Aussteuerung

einer schnellen Übersteuerungsanzeige ausgestattet, die einen positiven oder negativen Überlauf der Konverterschaltung angibt.

Die in der Analogtechnik übliche Einteilung in einen „normalen" Bereich für die Aussteuerung und eine Reserve, in der die Verzerrungen zwar ansteigen, die Aufnahme jedoch noch nicht unbrauchbar machen, hat für digitale Einrichtungen keine Gültigkeit mehr. Im Gegensatz zur analogen Tonbandaufzeichnung, bei der man die Vollaussteuerung z.B. beim Erreichen von 3% Klirrfaktor festlegt, steigt der (um mehrere Größenordnungen niedrigere) Klirrfaktor in einem Digitalgerät bis zum Maximalwert der Codewörter für die positive und negative Halbwelle nicht an *(Abb. 1.12.2)*. Somit hat auch der Begriff „Übersteuerungsreserve" eine andere Bedeutung [10].

Das von der analogen Magnetbandaufzeichnung abweichende Aussteuerungsverhalten muß – vor allem bei Systemen mit 14-Bit-Quantisierung – zeigen, ob die verbleibende Reserve für alle Arten von Programmen ausreicht; aus den erwähnten Gründen ist der praktisch genutzte Dynamikumfang immer geringer als der aufgrund der Digitalisierung vorgegebene, statische Pegelbereich.

1.13 Demodulation von PCM-Signalen

Der Rückwandlungsprozeß von der digitalen in die analoge Ebene ist im wesentlichen eine Umkehrung der A/D-Konversion. Nach der Decodierung

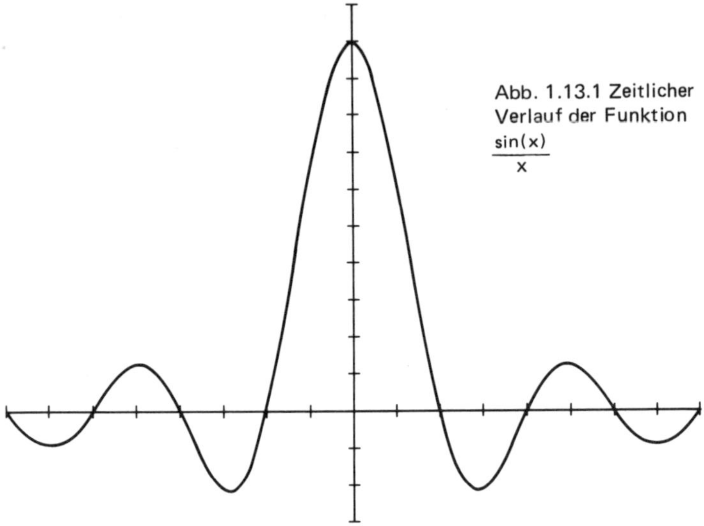

Abb. 1.13.1 Zeitlicher Verlauf der Funktion $\frac{\sin(x)}{x}$

der PCM-Impulsfolge entsteht am Ausgang des D/A-Konverters wieder ein pulsamplitudenmoduliertes Signal. Allerdings kann die Quantisierung der Abtastwerte nicht mehr rückgängig gemacht werden, da keinerlei Information über die tatsächlichen Amplituden der ursprünglichen Abtastmuster vorhanden ist.

Aus der Nachrichtentheorie ist bekannt, daß am Ausgang eines Tiefpaßfilters mit der Grenzfrequenz f_{max} und idealer, rechteckiger Filtersteilheit bei Aussteuerung mit einem unendlich steilen, kurzen Impuls (Diracstoß) ein zeitlicher Verlauf nach *Abb. 1.13.1* entsteht, der allgemein der Funktion

$$si(x) = \frac{\sin(x)}{x}$$

folgt. Die Nulldurchgänge des si(x)-Impulses liegen um den Abstand

$$T = \frac{1}{2\,f_{max}}$$

auseinander. Definitionsgemäß existiert auch ein Kurvenast für negative Werte von T, der jedoch nur theoretische Bedeutung hat.

Wird die Breite, d.h. das Tastverhältnis der PAM-Impulse so verkleinert, daß sie durch einen Diracstoß annäherbar sind, kann die Impulsfolge durch einen steilen Tiefpaß demoduliert werden. Am Ausgang des Filters entsteht somit eine Folge von si(x)-Funktionen, die sich – bei geeigneter Dimensionierung der Tiefpaß-Grenzfrequenz im Vergleich zur Abtastrate – gerade so überlagern, daß die Interpolation einen mit dem Analogsignal übereinstimmenden Kurvenverlauf ergibt (Nyquist-Kriterium) [1].

Praktisch muß man jedoch von einer endlichen Breite, d.h. größerem Tastverhältnis der Abtastimpulse ausgehen, da die Demodulation von Nadelimpulsen einen zu geringen Pegel und damit einen ungünstigen Geräuschspannungsabstand in der Demodulatorschaltung ergäbe. Die Verbreiterung erfolgt in einem Halteglied, ähnlich der S/H-Stufe bei der A/D-Wandlung, in dem die PAM-Impulse mit der Amplitude A über das gesamte Abtastintervall T_A gespeichert werden. Da in diesem Fall die Übertragungsfunktion G der Gleichung

$$G = A \cdot \frac{\sin \pi f \cdot T_A}{\pi f \cdot T_A}$$

folgt, entsteht mit steigender Frequenz f ein Amplitudenabfall bei höheren Frequenzen, der mit Hilfe einer Entzerrerschaltung (Aperturkorrektur) kompensiert werden kann.

Die Halteschaltung beseitigt gleichzeitig Einschwingvorgänge (Glitches) des D/A-Konverters, die den PAM-Impulsen überlagert sind *(Abb. 1.13.2)*.

Im Gegensatz zum Eingangstiefpaßfilter, bei dem im Normalfall oberhalb seiner Grenzfrequenz kaum noch Energieanteile des Nutzsignals zu erwarten sind, muß sich die Sperrwirkung des Ausgangstiefpaßfilters besonders auf den Frequenzbereich unterhalb der Abtastfrequenz f_S erstrecken. Wie man Abb. 1.2.3 entnehmen kann, werden die innerhalb einer Bandbreite von

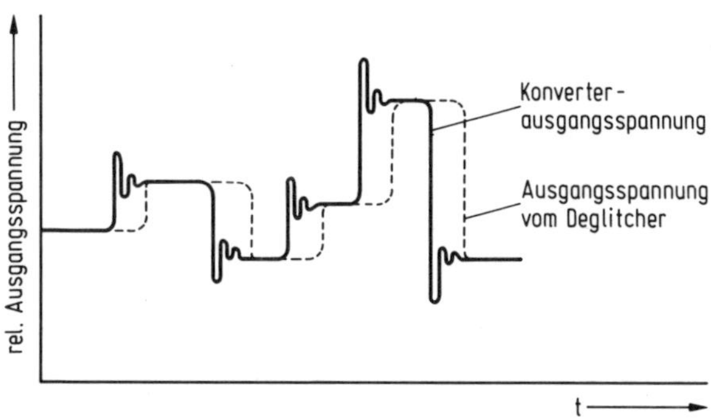

Abb. 1.13.2 Der Deglitcher beseitigt durch Austastung die bei der D/A-Konversion entstehenden Überschwinger

ca. 5 kHz vorhandenen, hauptsächlichen Energieanteile des Nutzsignals nun im Bereich f_s – 5 kHz wirksam; bei einer Abtastfrequenz von 48 kHz ist somit besonders der Dämpfungsverlauf des Filters von 40 kHz an aufwärts von Bedeutung. Daneben sollte sich die Sperrwirkung wegen der notwendigen Aussiebung möglicher Taktfrequenzanteile auch bis weit in den MHz-Bereich erstrecken.

1.14 Verfahren zur Datenreduktion

Die hohen, bei der Digitalisierung von Audiosignalen anfallenden Datenmengen ließen in einem früheren Entwicklungsstadium der digitalen Tontechnik verschiedene Verfahren als aussichtsreich erscheinen, die innerhalb des eigentlichen Quantisierungsprozesses bzw. bei der Anordnung der Datenworte eine Verringerung des Bitflusses bewirken sollten.

Der einfachste Weg dazu besteht in der Einfügung eines analogen Kompressors am Eingang der Konversionskette und entsprechender Expansion nach dem D/A-Konverter. Der Effekt gleicht dem der bisher üblichen Kompandereinrichtungen (Dolby, Telcom, dbx). Durch den Dynamikgewinn auf der Analog-Seite glaubte man, mit einer geringeren Anzahl von Quantisierungsstufen auskommen zu können. Die Begleiterscheinungen wie Einschwingverzerrungen, Dynamikfehler bei nicht-komplementären Kennlinien von Kompressor und Expander sowie die höheren, unvermeidbaren Quantisierungsverzerrungen durch die geringe Anzahl von Quantisierungsstufen ließen eine Anwendung dieser Methode für höchste Qualitätsansprüche nicht zu.

Eine ähnliche Kompression und Expansion der Signale – jedoch ohne analoge Nebeneffekte – wird erreicht, wenn man die Quantisierungsintervalle entsprechend dem Signalpegel unterschiedlich stuft (ungleichförmige Quantisierung). Um den Nullpunkt der Übertragungskennlinie sind die Stufen sehr fein und werden in Richtung auf größere negative bzw. positive Amplitudenwerte gröber. Durch eine meist nach einem logarithmischen Bildungsgesetz verlaufende Kennlinie läßt sich z.B. mit einem 10-Bit-Konverter der Dynamikbereich eines 14-Bit-Konverters schaffen.

Im System PCM-30 der Deutschen Bundespost verwendet man eine durch 13 lineare Kurvenstücke dem logarithmischen Verlauf angenäherte Kennlinie

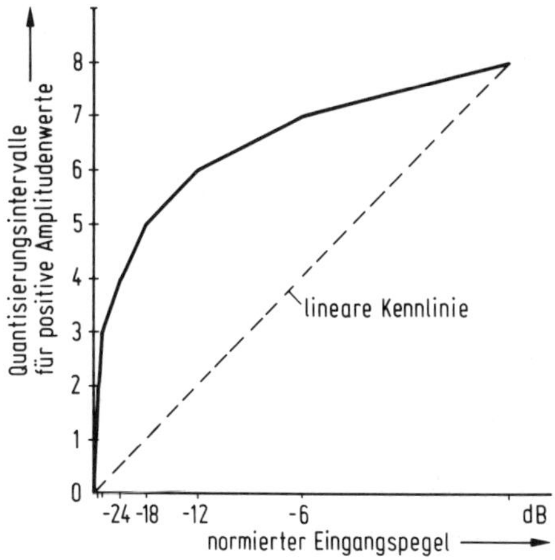

Abb. 1.14.1 Prinzip der ungleichförmigen Quantisierung. Eingangs-Signalamplituden und Quantisierungsintervalle sind durch eine logarithmische Übertragungskennlinie miteinander verknüpft, die aus mehreren linearen Kurvenstücken besteht. Da die Steigung der Kennlinie innerhalb der Quantisierungsintervalle 1 und 2 gleich ist, setzt sie sich für den negativen sowie den positiven Kurvenast aus 13 Segmenten zusammen

(Abb. 1.14.1). Der Kurvenast für negative Eingangsspannungen ist rotationssymmetrisch zum Nullpunkt angeordnet. Auch hier beeinflußt die Paarung von A/D- und komplementärer D/A-Kennlinie den Klirrfaktor des Systems.

Obwohl derartige Einrichtungen – oft nicht völlig korrekt als Kompandersysteme bezeichnet – den Vorteil aufweisen, daß der Störspannungsabstand in geringerem Maße vom Signalpegel abhängt als bei gleichförmiger Quantisierung, so überwiegt doch im Tonstudiobereich der Nachteil, daß die Störspannung unmittelbar durch den Augenblickswert des Signals bestimmt wird und damit hörbare Störmodulation verursacht.

DPCM

Überträgt man statt des gesamten Binärwertes eines Abtastmusters nur die Differenz vom gerade vorhandenen zum vorhergehenden, so gelangt man zur Differentiellen Pulscodemodulation (DPCM). Da man von der statistischen Verteilung her mit nur geringen Unterschieden zwischen zeitlich benachbarten Abtastwerten rechnen muß, kommt man mit einer geringeren Bitanzahl aus als bei der „normalen“ PCM.

Bei der Wiedergabe wird der vorhergehende Abtastwert für eine Abtastperiode zwischengespeichert, zu dem Differenzwert addiert und ergibt somit das aktuelle Datenwort. In der folgenden Abtastperiode wird dieses dann zum Bezugswort.

DPCM ist eine Form der „prädiktiven" Codierung, bei der eine Vorhersage des jeweils nächsten Abtastwertes nötig ist, die auf dem zeitlich vorhergehenden Datenwort beruht. Dabei erweist sich als nachteilig, daß sich ein durch Störungen verursachter Fehler in einem Abtastwort auf eine Reihe nachfolgender Samples überträgt (Error Propagation) und nicht mehr korrigiert werden kann.

Deltamodulation

Wird das Analogsignal mit dem 10- bis 20fachen der oberen Grenzfrequenz abgetastet, so ist zu erwarten, daß die Differenz zwischen zwei Abtastmustern immer geringer wird. Im Grenzfall genügt dann ein Bit als Vorzeichenangabe (positiv oder negativ) für den Fehlerwert. Auch hier wird ein Vorhersagewert gebildet, so daß die Deltamodulation ebenfalls zu den prädikativen Verfahren gehört. Die Firma dbx hat ein solches mit Deltamodulation arbeitendes Zusatzgerät angekündigt. Andere Arten der Deltamodulation verwenden unterschiedliche Differenzwerte je nach Steigungsverlauf des Analogsignals (adaptive Deltamodulation).

Fließkomma-Konverter

Ordnet man mehrere Verstärkerstufen mit unterschiedlichen Verstärkungsfaktoren vor einem A/D-Konverter mit gleichförmiger Kennlinie an und schaltet das Nf-Signal je nach dem gerade vorhandenen Pegelwert so um, daß der Konverter stets optimal ausgesteuert wird, dann entsteht der in *Abb. 1.14.2* gezeigte Fließkomma-Konverter [11].

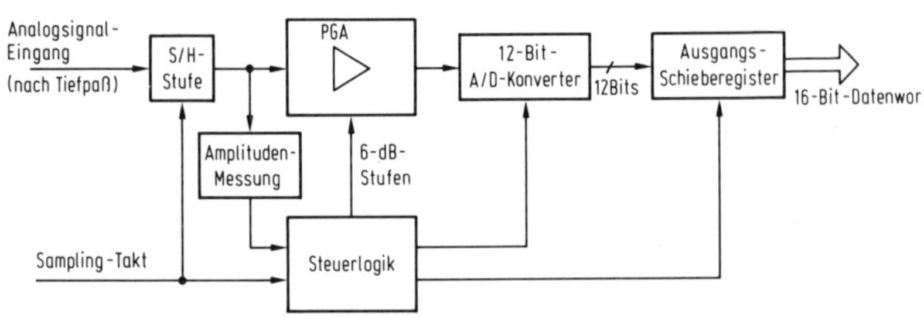

Abb. 1.14.2 Vereinfachte Blockschaltung eines Fließkomma-A/D-Konverters. PGA bezeichnet eine Stufe mit programmierbarer Verstärkung (Programmable Gain Amplifier)

In einer von der BBC versuchsweise eingesetzten Schaltung weist die PGA-Verstärkerstufe (PGA = Programmable Gain Amplifier; Verstärker mit programmierbarer Verstärkung) fünf unterschiedliche Verstärkungen in Schritten zu 6 dB (0 . . . 24 dB) auf. Für Nf-Signalpegel bis zu 6 dB unterhalb der Maximalamplitude arbeitet der PGA mit Minimalverstärkung; je nach den auftretenden Signalamplituden wird die Verstärkung durch die Steuerlogik in 6 dB-Schritten erhöht oder verringert. Damit läßt sich der volle Codierbereich des 12-Bit-Konverters bis zu Pegeln von 24 dB unter dem Maximalwert ausnutzen.

Die Formatierung der Ausgangsdaten kann in unterschiedlicher Weise erfolgen. Die in *Abb. 1.14.2* gezeigte Anordnung erzeugt ein 16-Bit-Datenwort, innerhalb dessen die 12 Datenbits durch das Schieberegister positioniert werden. Für die D/A-Konversion ist damit kein Zusatzaufwand nötig. Das Störspannungsverhalten der Anordnung zeigt *Abb. 1.14.3.*

Die Wahl der Stufenverstärkung sowie die Anzahl der Stufen stellen einen Kompromiß in bezug auf die Störmodulation dar. Zusätzlicher Schaltungsaufwand bei der A/D-Konversion wird infolge der nicht unendlich kurzen Einstellzeit des PGA zwischen unterschiedlichen Verstärkungen nötig.

Neben der beschriebenen Schaltung, deren Hauptnutzen im Einsatz eines 12-Bit-Konverters in 16-Bit-Systemen liegt, wird das Fließkommakonverter-

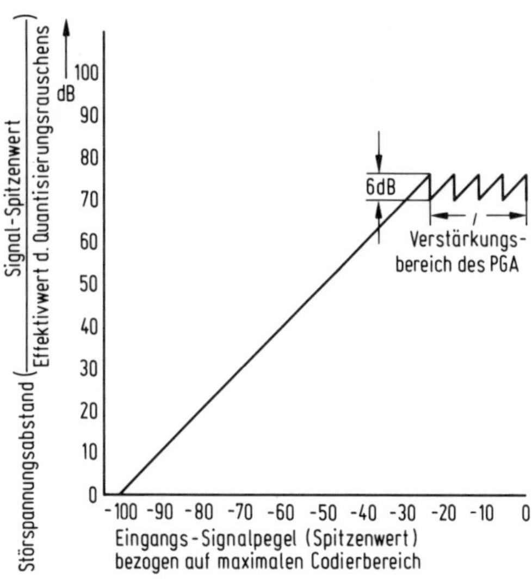

Abb. 1.14.3 Theoretisches Störspannungsverhalten eines 16/12-Bit-Fließkomma-Konverters

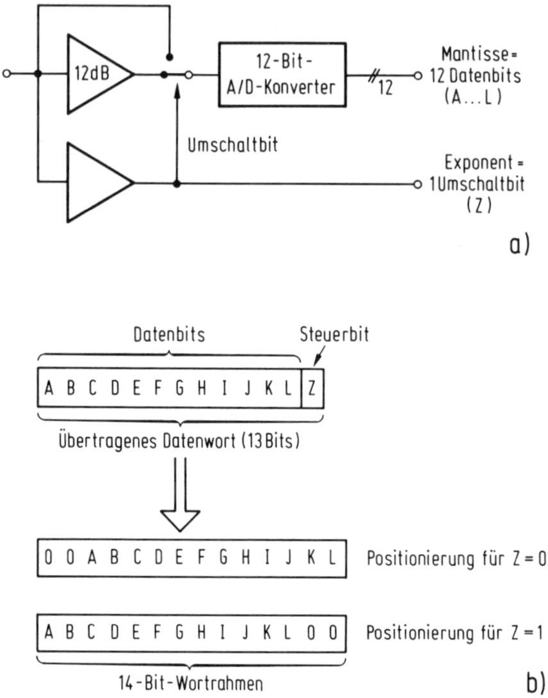

Abb. 1.14.4 Das Fließkomma-Verfahren erlaubt den Einsatz eines 12-Bit-A/D-Konverters in 14-Bit-Systemen. Das Steuerbit Z positioniert das „echte" 12-Bit-Datenwort innerhalb des 14-Bit-Wortrahmens. a) Schaltung; b) Schema der Datenwortverschiebung

Prinzip auch in Verbindung mit einer andersartigen Datenformatierung eingesetzt. *Abb. 1.14.4a* zeigt schematisch die A/D-Konverterstufe des Prozessors PCM-10 von Sony. Man beschränkt sich hier auf zwei Verstärkungswerte von 0 dB und 12 dB, für deren Codierung ein Bit genügt. Es wird von der Steuerlogik geliefert, mit den eigentlichen Datenbits zu einem 13-Bit-Datenwort kombiniert, und in dieser Form übertragen. In Anlehnung an die Darstellung eines Logarithmus besteht dieses Datenwort dann aus Mantisse (Datenbits A . . . L) und Exponent (Verstärkung Z). Bei der Wiedergabe wird zunächst der Exponent Z abgetrennt; er verschiebt das 12-Bit-Wort innerhalb des 14-Bit-Wortrahmens *(Abb. 1.14.4b)*. Danach kann die D/A-Konversion mit einem 14-Bit-Konverter erfolgen. Ein Steuerbit erlaubt durch diese Schaltung den Einsatz eines 12-Bit-A/D-Konverters ohne Dynamikeinbußen. Die Formatierung der Ausgangsdaten kann in unterschiedlicher Weise erfolgen. Die in Abb. 1.14.2 gezeigte Anordnung erzeugt ein 16-Bit-Datenwort, innerhalb dessen die 12 Datenbits durch das Schieberegister positioniert werden. Für die D/A-Konversion ist damit kein Zusatzaufwand nötig. Das Störspannungsverhalten der Anordnung zeigt Abb. 1.14.3.

Die Wahl der Stufenverstärkung sowie die Anzahl der Stufen können nur einen Kompromiß in bezug auf die Störmodulation darstellen. Zusätzlicher Schaltungsaufwand bei der A/D-Konversion wird infolge der nicht unendlich kurzen Einstellzeit des PGA zwischen unterschiedlichen Verstärkungen nötig.

Neben der beschriebenen Schaltung, deren Hauptnutzen im Einsatz eines 12-Bit-Konverters in 16-Bit-Systemen liegt, wird das Fließkommakonverter-Prinzip auch in Verbindung mit einer andersartigen Datenformatisierung eingesetzt. Abb. 1.14.4a zeigt schematisch die A/D-Konverterstufe des Prozessors PCM-10 von Sony. Man beschränkt sich hier auf zwei Verstärkungswerte von 0 dB und 12 dB, für deren Codierung ein Bit genügt. Es wird von der Steuerlogik geliefert, mit den eigentlichen Datenbits zu einem 13-Bit-Datenwort kombiniert und in dieser Form übertragen. In Anlehnung an die Darstellung eines Logarithmus besteht dieses Datenwort dann aus Mantisse (Datenbits A . . . L) und Exponent (Verstärkung Z). Bei der Wiedergabe wird zunächst der Exponent Z abgetrennt; er verschiebt das 12-Bit-Wort innerhalb des 14-Bit-Wortrahmens (Abb. 1.14.4b). Danach kann die D/A-Konversion mit einem 14-Bit-Konverter erfolgen. Ein Steuerbit erlaubt durch diese Schaltung den Einsatz eines 12-Bit-A/D-Konverters ohne Dynamikeinbußen.

Auch bei diesem Prinzip bestimmt der Signalpegel die Verstärkung; gleichzeitig wird die Auflösung bei höheren Pegeln verringert. Damit entstehen stärkere Quantisierungsverzerrungen, die nicht immer durch das Originalsignal maskiert werden. Fließkomma-Verfahren werden daher immer mehr durch das Aufkommen besserer Bauelemente verdrängt.

Near-Instantaneous-Companding

Weist man nicht jedem einzelnen Abtastwort einen Wert für den gerade vorhandenen Verstärkungsfaktor zu (Instantaneous Companding), sondern beschränkt sich hierbei auf eine Gruppe von Worten (Block), so lassen sich erhebliche Bitraten-Einsparungen erreichen. Dieses Near-Instantaneous-Companding-Verfahren wird von der BBC angewandt (NICAM) und gestattet die Übertragung von sechs digitalen Tonkanälen über eine Standard-Telefonie-Strecke mit einem Bitfluß von 2048 kBits/s.

Allen beschriebenen Methoden zur Datenreduktion ist gemeinsam, daß sie sich zwar auf Gebieten bewähren, bei denen der Aspekt der wirtschaftlichen und störfreien Datenübertragung über größere Entfernungen im Vordergrund steht; in der Tonstudiotechnik dagegen konnte sich bisher keine durchsetzen, obwohl sie eine beträchtliche Senkung der Betriebskosten (Bandverbrauch) bewirken könnten.

Weit erfolgreicher erwies sich in dieser Hinsicht die Entwicklung von speziellen Aufzeichnungscodes (Kanalcodes). Diese schaffen eine Möglichkeit zur drastischen Erhöhung der Aufzeichnungsdichte des Speichermediums (Magnetband, Magnetplatte, digitale Schallplatte).

1.15 Konversionscodes

Welche Bitanordnungen der Datenwörter den einzelnen Pegelstufen eines A/D- oder D/A-Konverters zugeordnet werden, ist stets nur eine Frage der Definition. Für die Umsetzung von Audiosignalen haben sich einige Codes als besonders geeignet erwiesen. Da es sich hier um die Quantisierung von Wechselspannungen handelt, interessieren nur bipolare Codes, bei denen sich der durch die Bit-Anzahl vorgegebene Zeichenvorrat zwischen dem positiven und negativen Bereich sowie dem Nullpunkt aufteilt und die Bereiche durch Vorzeichen angegeben werden. Viele andere, bei Codes in der Datenverarbeitung zu berücksichtigende Aspekte, wie z.B. der Statusunterschied benachbarter Codewörter in nur einem Bit (einschrittiger Code, Gray Code) sind hier nicht relevant.

Bei binärer Codierung entfallen auf den positiven und negativen Bereich unterschiedliche Mengen von Codewörtern, da die Anzahl der Quantisierungsstufen immer durch zwei teilbar ist und ein Wort dem Nullpunkt zugewiesen werden muß. *Abb. 1.15.1* zeigt als Beispiel verschiedene Vier-Bit-Codes und ihre Zuordnung zu den 16 möglichen Quantisierungsstufen.

Der Offset-Binärcode ist ein natürlicher Binärcode mit ansteigendem Gewicht vom höchsten negativen Wert (Gewicht Null). Bezeichnet man mit

N — die (endliche) Anzahl der Quantisierungsbits,

mit U_{FS} — den Nenn-Spannungsbereich eines D/A-Konverters (gewöhnlich ± 10,0 V),

Abb. 1.15.1 Ein aus vier Codeelementen bestehendes Codewort kann $2^4 = 16$ Quantisierungsstufen bezeichnen. Die Zuordnungsvorschriften sind je nach Art des Codes unterschiedlich. Das MSB dient stets zur Vorzeichenangabe

Quantisierungsstufe			Offset-Binär-Code				Einer-Komplement-Code				Zweier-Komplement-Code			
	+	7	1	1	1	1	0	1	1	1	0	1	1	1
	+	6	1	1	1	0	0	1	1	0	0	1	1	0
	+	5	1	1	0	1	0	1	0	1	0	1	0	1
	+	4	1	1	0	0	0	1	0	0	0	1	0	0
	+	3	1	0	1	1	0	0	1	1	0	0	1	1
	+	2	1	0	1	0	0	0	1	0	0	0	1	0
	+	1	1	0	0	1	0	0	0	1	0	0	0	1
		0	1	0	0	0	0	0	0	0	0	0	0	0
		0	(1	0	0	0)	1	1	1	1	(0	0	0	0)
	–	1	0	1	1	1	1	1	1	0	1	1	1	1
	–	2	0	1	1	0	1	1	0	1	1	1	1	0
	–	3	0	1	0	1	1	1	0	0	1	1	0	1
	–	4	0	1	0	0	1	0	1	1	1	1	0	0
	–	5	0	0	1	1	1	0	1	0	1	0	1	1
	–	6	0	0	1	0	1	0	0	1	1	0	1	0
	–	7	0	0	0	1	1	0	0	0	1	0	0	1
	–	8	0	0	0	0					1	0	0	0

und mit U_{max} die maximal erreichbare positive oder negative Ausgangsspannung, dann ergeben sich für

$$U_{max\ pos} = U_{FS} \cdot \left(1 - \frac{1}{2^{(N-1)}}\right)$$

und

$$U_{max\ neg} = U_{FS}\,.$$

Ein 16-Bit-Konverter mit Offset-Binärcode-Ausgang und ± 10 V Nennspannung liefert demnach folgende Ausgangsspannungen:

$$U_{max\ pos} \mathrel{\hat{=}} 1111\ 1111\ 1111\ 1111 = 10 \cdot \left(1 - \frac{1}{2^{16-1}}\right)$$

$$= 10 \cdot 0{,}9999694 = 9{,}999694\ \text{V},$$

$$U_{Skalenmitte} \mathrel{\hat{=}} 1000\ 0000\ 0000\ 0000 = 0{,}00000000\ \text{V und}$$

$$U_{max\ neg} \mathrel{\hat{=}} 0000\ 0000\ 0000\ 0000 = -\ 10{,}00000000\ \text{V}$$

Ordnet man die Eins als Vorzeichenbit dem negativen Bereich zu, so wird aus dem Offset-Binär- der Zweierkomplement-Code. Sein Name stammt von der Rechenvorschrift, nach der die negativen Werte aus den positiven entstehen, indem man die Gewichte eines Wortes vertauscht (Komplement-Bildung) und 1 LSB addiert. Die Ausgangsspannungen entsprechen den Formeln

$$U_{max\ pos} = U_{FS} \cdot \left(1 - \frac{1}{2^{(N-1)}}\right) \quad \text{und}$$

$$U_{max\ neg} = U_{FS}\ .$$

Die Zweierkomplement-Codierung hat sich in digitalen Audio-Applikationen allgemein durchgesetzt. Ihr Vorteil besteht darin, daß bei paralleler Übertragung und Pegelanomalien an den Verbindungsstellen einer digitalen Einrichtung wie sie z.B. durch Kontaktfehler in Steckern oder Kurzschluß hervorgerufen werden können, alle Bits den Status Null oder Eins annehmen. Beide Bitfolgen entsprechen dann entweder dem analogen Pegel Null bzw. einem sehr kleinen Pegel (eine negative Quantisierungsstufe) und machen sich als Störung relativ gering bemerkbar.

Neben den beschriebenen Codes soll noch der Einer-Komplement-Code erwähnt werden, bei dem die negativen Werte durch einfache Komplementierung der positiven gebildet werden. Er findet in der Tontechnik kaum Anwendung.

Bei einigen industriell gefertigten A/D- und D/A-Konvertern lassen sich durch Anlegen von H- oder L-Potential an bestimmte Punkte der Schaltung mehrere Typen von Codes auswählen.

1.16 Codebegriffe in der digitalen Tontechnik

Der in den vorhergehenden Abschnitten häufig vorkommende Begriff des Codes bezog sich ausschließlich auf die Umsetzung der analogen Eingangssignale in digitalisierte Datenströme. Alle zu seiner Beschreibung notwendi-

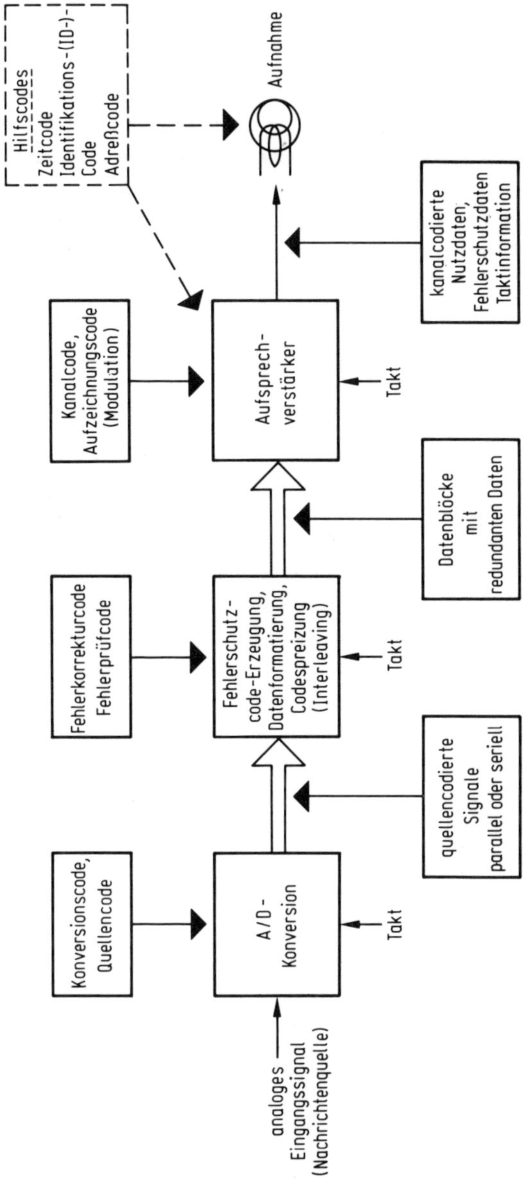

Abb. 1.16.1 Codebegriffe und Funktionsblöcke in der digitalen Tonsignalaufzeichnung

gen Größen wie Anzahl der Bits je Abtastmuster, Art der Quantisierung sowie der benutzte Konversionscode ergeben zusammen den *Quellencode*, z.B. gleichförmige 16-Bit-Quantisierung mit Zweierkomplement-Codierung.

In einem digitalen System werden meistens noch weitere Codierungen angewendet, denn in den seltensten Fällen sind die quellencodierten Signale unmittelbar zur Weiterverarbeitung geeignet. Wie *Abb. 1.16.1* zeigt, durchlaufen sie vor der Aufzeichnung oder Übertragung weitere Umformungen. Zunächst werden aus den Datenwörtern selbst zusätzliche Informationen für den Schutz gegen Codefehler abgeleitet, Datenblöcke daraus gebildet und diese in den Datenstrom eingefügt. Die Bildungsgesetze für den Fehlerschutz bezeichnet man in der Literatur ebenfalls als Code. Aber auch diese aus Nutz- und Zusatzdaten bestehenden Datenblöcke sind vielfach noch nicht den Eigenschaften des Übertragungs- bzw. Speichermediums angepaßt. Die Datencodierung z.B. für eine Mikrowellen-Satellitenübertragung dürfte sich erheblich von der einer Magnetbandaufzeichnung unterscheiden.

Eine auf die Kanaleigenschaften zugeschnittene Formung der Daten wird als *Kanalcode* bezeichnet; in der englischsprachigen Literatur findet man auch den Begriff *Modulation.* Häufig schließt der Kanalcode die Fehlerschutzmaßnahmen mit ein; da sich in der Praxis der digitalen Tonaufzeichnung inzwischen sehr viele spezielle Codes entwickelt haben, empfiehlt es sich, die verschiedenen Codebegriffe gut voneinander zu trennen. Zu beachten ist, daß alle Code-Umformungen und -Ergänzungen keinerlei Einfluß mehr auf die Qualität des Originalsignals haben.

Als *Hilfscodes* kann man die binären Zusatzinformationen bezeichnen, die zwar nicht unmittelbar zum Originalsignal zählen, jedoch – wie beim Zeitcode – das Auffinden bestimmter Bandtakes bzw. eine Schnittbearbeitung ermöglichen. Im ID-Code können Angaben über Systemparameter wie Abtastrate, Art der Preemphasis, gewählte Bandgeschwindigkeit usw. verpackt sein, während der Adreßcode einzelne Datenworte markiert und deren Auffinden gestattet.

2 Die digitale Tonaufzeichnung

2.1 Allgemeines

Auf dem gesamten Gebiet der Niederfrequenztechnik hatte bisher die analoge Aufzeichnung auf Magnetband den größten Einfluß auf die Originaltreue der Reproduktion am Ende der Übertragungskette. Obwohl sich in den letzten Jahren erhebliche Fortschritte bei der Erweiterung der Nutzdynamik durch den Einsatz verbesserter Magnetbänder sowie von Kompandersystemen wie Dolby-A oder Telcom-C4 in der professionellen Technik, bzw. auf dem Konsumsektor durch Dolby-B, Dolby-C, HighCom und anderen Geräuschunterdrückungseinrichtungen erreichen ließen, bleiben immer noch viele andere Störeinflüsse. Sie hängen mit dem Prinzip der analogen Signalbehandlung zusammen und sind nicht einfach durch analoge Kunstgriffe zu beseitigen.

Stets werden die Tonträger im Verlaufe des industriellen Verarbeitungsprozesses mehrfach kopiert, sodaß geringe Qualitätseinbußen, die bei der Uraufzeichnung noch tolerierbar wären, sich schließlich beim Endprodukt (Sendeband, Schallplatte, Musikkassette) durch den Generationsverlust deutlich bemerkbar machen. Die kommende digitale Schallplatte erfordert aus diesem Grunde eine Anhebung des gesamten Qualitätsniveaus innerhalb der Tonträgerindustrie, wenn man ihr Potential voll ausschöpfen möchte.

Eine Zusammenstellung der Störgrößen in der analogen Magnettonaufzeichnung läßt verständlich werden, warum auf diesem Gebiet die Digitalisierung besonders stark vorangetrieben wurde.

Störgrößen der analogen Magnettonaufzeichnung:

- relativ hohe, nichtlineare Verzerrungen, die mit der Aussteuerung zunehmen,
- begrenzter Nutzdynamik-Bereich,
- aussteuerungsabhängiger Frequenzverlauf durch Sättigungseffekte bei kleinen Wellenlängen,

- Intermodulation,
- Modulationsrauschen,
- starke Zeitbasisfehler (Gleichlaufschwankungen, Phasenschwankungen), die von der Transportmechanik verursacht werden und das reproduzierte Signal unmittelbar beeinflussen,
- lineare Verzerrungen am unteren Ende des Übertragungsbereiches durch Kopfspiegelresonanzen,
- Kopiereffekt,
- direkte Abhängigkeit der elektroakustischen Werte von den Eigenschaften des Magnetbandes,
- Addition der Störgrößen bei der Duplizierung von Tonträgern.

Diese Störeinflüsse werden bei digitaler Speicherung von Tonsignalen völlig ausgeschaltet. Da die elektroakustischen Kenngrößen jetzt nur noch von der Hardware, d.h. den Schaltungskomponenten abhängen, spielen die Eigenschaften des Datenträgers bzw. sein Zusammenwirken mit der Transportmechanik nur noch eine untergeordnete Rolle.

Vorteile der digitalen Aufzeichnungstechnik:

- Linearer, engtolerierter Frequenzverlauf innerhalb des vorgegebenen Übertragungsbereiches bei jedem Pegel,
- großer, allen Praxiserfordernissen genügender Dynamikumfang,
- keine Modulationseffekte,
- unmeßbar geringe Gleichlaufschwankungen,
- Phasenschwankungen zwischen beliebigen Kanälen entfallen (auch bei Mehrkanalmaschinen),
- sehr geringe nichtlineare Verzerrungen ab einem Mindestpegel,
- mit der Systemdynamik identische, hohe Übersprechdämpfung,
- kein Kopiereffekt
- innerhalb der digitalen Ebene unbegrenzte Duplizierbarkeit der Informationen ohne Qualitätsverlust.

Spezifische Probleme der Digitalaufzeichnung:

- Sie erfordert eine etwa um den Faktor 40 . . . 100 höhere Frequenz-Bandbreite und damit – bei anzustrebendem ökonomischem Bandverbrauch – eine um mehrere Größenordnungen höhere Aufzeichnungsdichte als in der Analogtechnik.

- Fehlerschutz und Synchronisation machen Zusatzdaten notwendig und vergrößern den Aufwand an Schaltungskomponenten,
- die Zusatzdaten erhöhen die Bitrate und damit die Bandbreite nochmals,
- die Daten fallen nicht kontinuierlich an und müssen zwischengespeichert werden,
- mechanischer Schnitt ist nur beschränkt möglich,

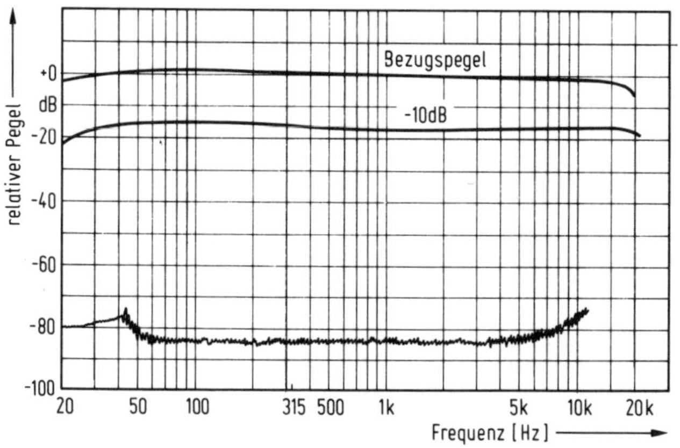

Abb. 2.1.1a Über-Alles-Frequenzgang einer Studio-Tonbandmaschine, 38,1cm/s, Stereo-Aufzeichnung

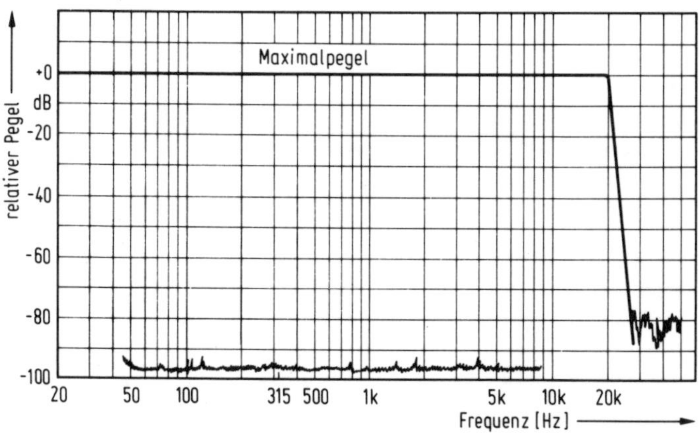

Abb. 2.1.1b Über-Alles-Frequenzgang des Prozessors PCM-F1, gemessen bei Maximalpegel

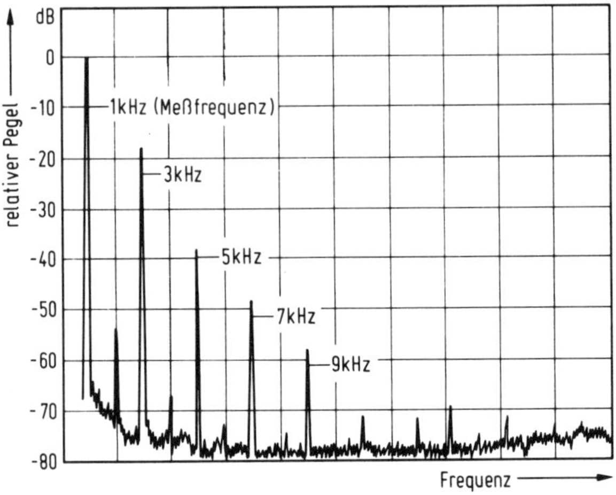

Abb. 2.1.2a Nichtlineare Verzerrungen einer analogen Studio-Magnetbandmaschine, Bandgeschwindigkeit 38,1cm/s, Stereo-Aufzeichnung, Meßfrequenz 1 kHz

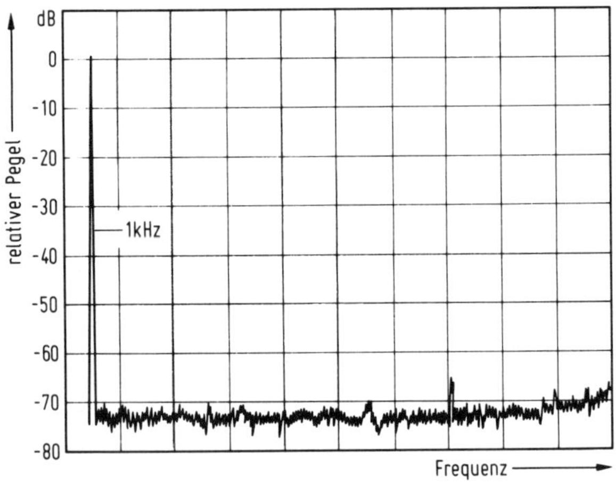

Abb. 2.1.2b Nichtlineare Verzerrungen des Prozessors PCM-F1, Meßfrequenz 1kHz, Maximalpegel, 16-Bit-Quantisierung

- elektronischer Schnitt bietet optimale Bearbeitungsmöglichkeiten, erfordert aber einen höheren Geräteaufwand,
- das Magnetband ist vor Umwelteinflüssen zu schützen und sollte möglichst nicht mechanisch berührt werden; damit unterliegt es – besonders in Form offener Wickel – Beschränkungen in bezug auf die Handhabung.

Um welche Größenordnungen sich die Nf-Daten durch die Digitalisierung verbessern lassen, veranschaulicht ein Vergleich von Messungen an einer

Abb. 2.1.3a Modulationsspektrum einer analogen Studio-Magnetbandmaschine, Bandgeschwindigkeit 38,1cm/s, Stereo-Aufzeichnung, Meßfrequenz 10kHz

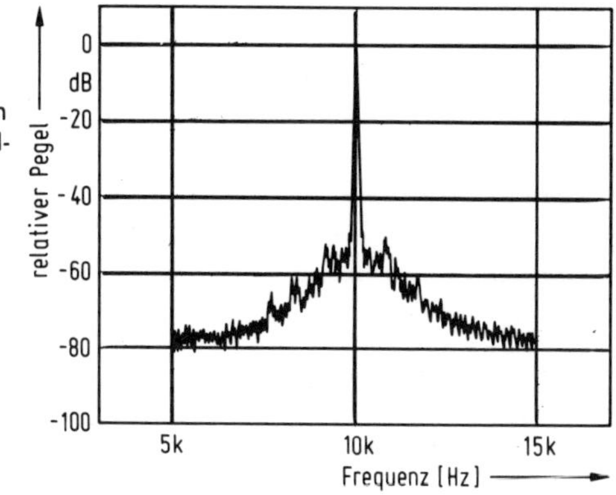

Abb. 2.1.3b Modulationsspektrum des Prozessors PCM-F1, Meßfrequenz 10kHz

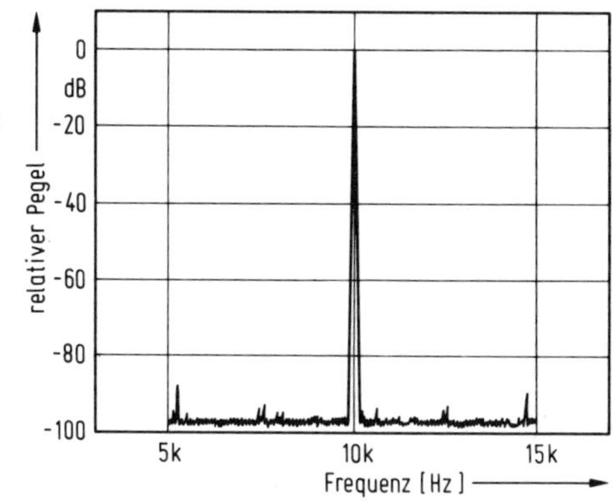

Zweikanal-Studio-Tonbandmaschine mit 38,1 cm/s Bandgeschwindigkeit und einem semiprofessionellen PCM-Prozessor. Die *Abb. 2.1.1a/b* zeigen Über-Alles-Frequenzgänge und Störspektren, *Abb. 2.1.2a/b* nichtlineare Verzerrungen und *Abb. 2.1.3a/b* die bei 10 kHz-Aussteuerung entstehenden Seitenband-Spektren. Die digitale Aufnahme erfolgte hier mit dem Prozessor PCM-F1 von Sony, der nach dem EIA-J-Standard arbeitet. Das eigentliche Aufnahmegerät – ein Heim-Videorecorder – muß nicht spezifiziert werden, weil seine Eigenschaften keinen Einfluß auf die Meßwerte haben.

Man kann davon ausgehen, daß die Streuung der Nf-Parameter innerhalb verschiedener Systeme, gleich ob professionell oder halbprofessionell, aufgrund der Unabhängigkeit vom eigentlichen Aufzeichnungsträger sehr gering ist. Die Meßergebnisse sind daher typisch für den gegenwärtigen Stand der digitalen Aufzeichnungstechnik.

2.2 Kanaleigenschaften des Magnetbandes

Im Gegensatz zu relativ „sauberen“ Kanälen wie z.B. Mikrowellenstrecken oder Glasfaserkabeln ist das Magnetband, nachrichtentechnisch als Kanal betrachtet, sehr vielen unterschiedlichen Störeinflüssen ausgesetzt. Diese Tatsache machte die Entwicklung spezieller Kanalcodes für die digitale Direktaufzeichnung zwingend notwendig. Die Geschichte der digitalen Tonaufzeichnung ist daher auch die Geschichte der Aufzeichnungscodes.

Eine wesentliche Eigenschaft der aus Aufsprechverstärker, Magnetband, Wiedergabekopf und nachfolgender Pegeldiskriminatorschaltung bestehenden Kette ist zunächst einmal ihr Bandpaßcharakter. Die unterste reproduzierbare Grenzfrequenz ist wegen der differenzierenden Wirkung der Spannungsinduktion im Wiedergabekopf nicht 0 Hz, d.h., Gleichspannungskomponenten werden nicht übertragen; die obere Grenzfrequenz wird – ebenso wie bei analoger Aufzeichnung – durch die endliche Spaltbreite des Wiedergabekopfes, mehrere wellenlängenabhängige Verlustfaktoren und nicht zuletzt auch durch die Bandgeschwindigkeit bestimmt.

Die erwähnten Einflüsse ergeben eine in der Praxis realisierbare minimale Wellenlänge der Aufzeichnung, durch die gleichzeitig eine obere Grenze für die Bitrate des Kanalcodes festgelegt wird.

Kanalcodes müssen aus diesen Gründen zuerst auf die Bandpaßeigenschaften des Magnetbandes abgestimmt sein, sie dürfen demnach keine spektrale Energie außerhalb des Durchlaßbereiches erzeugen, da diese nichts zur Pegelerkennung beiträgt. Ferner lassen Codes, die keine Gleichspannungsanteile haben, und deren Energieanteile bei niedrigen Frequenzen sehr gering sind, den Einsatz von Hochpaßfiltern im Wiedergabezweig zu. Dies bildet eine sehr wirksame Schutzmaßnahme gegen Datenfehler durch Kratzer auf dem Band, Fingerabdrücke und Verletzungen des Bitstromes durch Schnitte.

Auch für andere digitale Speichermedien wie die Compact Disc haben gleichspannungsfreie Codes Bedeutung, da der untere, von den Nutzdaten nicht beanspruchte Frequenzbereich zur Aufzeichnung bzw. Auslesung der Steuerdaten für die Servosysteme genutzt werden kann.

Zu den spezifischen Störeinflüssen der Magnetbandaufzeichnung zählen hauptsächlich:

1. Zeitbasisfehler
Sie werden durch die nicht phasengenaue Konstanz der Bandgeschwindigkeit im Zusammenwirken mit der elastischen Dehnung des Bandes, Schlupf zwischen Tonwelle und Andruckrolle (bei andruckrollenlosen Antrieben durch Schlupf an der Antriebswelle) und sonstige mechanische Ungenauigkeiten des Bandtransports verursacht.

2. Pegelfehler
Diese entstehen durch Drop-Outs, Störimpulse, schlechten Band/Kopf-Kontakt und Spalt-Schiefstellung.

Alles in allem ist das Magnetband ein stark jitternder, zeit- und pegelfehlerbehafteter Kanal mit geringem Störspannungsabstand und Bandpaßeigenschaften.

2.3 Arten und Eigenschaften einiger Kanalcodes

Die digitale Audiotechnik profitierte anfänglich von den in der Computerindustrie gewonnenen Erfahrungen, hohe Packungsdichten in Peripheriegeräten wie Floppy Disks zu erreichen. Nach und nach ging die Entwicklung von Codes für die digitale Tonaufzeichnung eigene Wege, da sich die Anforderungen an sie in mehrerer Hinsicht von denen der EDV unterscheiden.

Dem Kanalcode kommt die gleiche Bedeutung zu wie dem Fehlerschutz-Code, obwohl er oft wenig Beachtung findet. Durch die Wahl eines geeigneten Codes lassen sich zwei wichtige, teilweise konträre Forderungen an das Speichermedium – große Packungsdichte bei gleichzeitig hoher Zuverlässigkeit – miteinander verbinden.

Zur Speicherung von digitalen Daten auf Magnetband gibt es prinzipiell zwei verschiedene Methoden:
1. die Direktaufzeichnung
2. FM-Aufzeichnung.

Die Direktaufzeichnung ist üblicherweise mit dem Verfahren der Longitudinalaufzeichnung (Recorder mit feststehenden Köpfen) verbunden, während die FM-Methode bei Schrägspur-Recordern mit rotierender Kopftrommel angewandt wird. Beide Aufzeichnungsarten erfordern unterschiedliche Kanalcodes.

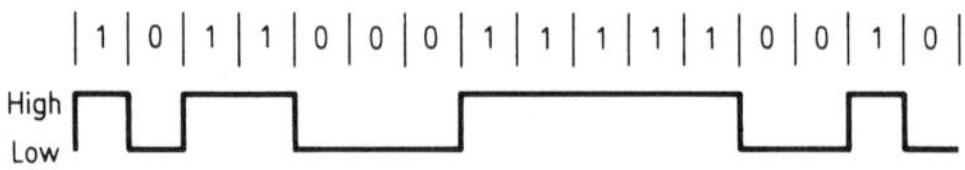

Abb. 2.3.1 16-Bit-Wort im NRZ-Code

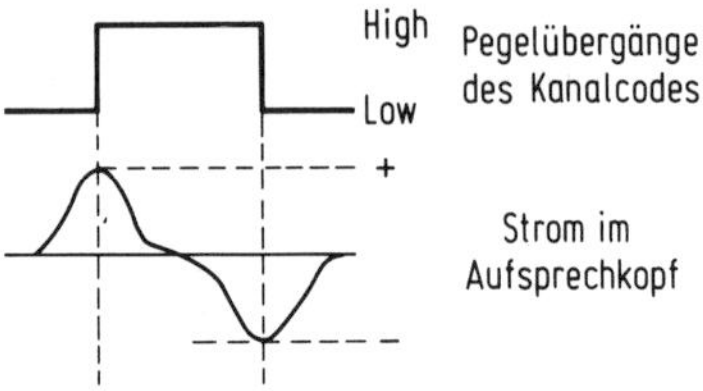

Abb. 2.3.2 Bei der digitalen Magnetbandaufzeichnung werden die Flanken des Kanalcodes in Sprechkopf-Impulse umgesetzt, die das Band bis in die Sättigung magnetisieren. Dabei entstehen aus dem binären Code mit den Zuständen High und Low ein quasi-ternärer mit den drei Wertigkeiten: positive Sättigung, Null, negative Sättigung

Ein 16-Bit-Wort mit der Bitfolge 1011 0001 1111 0010 am Ausgang des A/D-Wandlers kann wie *Abb. 2.3.1* zeigt, als Serie von „High“- und „Low“-Zuständen dargestellt werden. Eine solche einfache Folge von binären Zuständen wird als Non-Return-Zero (NRZ) bezeichnet. Sie eignet sich unmittelbar zur Ansteuerung eines FM-Modulators, der den beiden logischen Pegeln je eine Frequenz zuordnet. Die frequenzmodulierte Umsetzung der Binärdaten wird auch Frequenzumtastung (Frequency Shift Keying = FSK) genannt und entspricht der Datenspeicherung auf Kassettenrecordern im Heimcomputer-Bereich.

Frequenzmodulation von digitalen Tonsignalen findet man bei Prozessor/Recorder-Kombination nach EIA-J-Standard oder in professioneller Ausführung (PCM-1610 von Sony, BP-90 von JVC). Als Datenspeicher der Pseudo-Videosignale dienen handelsübliche, professionelle oder Heim-Videorecorder.

Für die Direktaufzeichnung, bei der die binären Zustände dem Magnetband als Wechsel des magnetischen Sättigungsflusses aufgeprägt werden *(Abb. 2.3.2)*, eignet sich NRZ als Kanalcode aus mehreren Gründen jedoch nicht. Wie man Abb. 2.3.1 entnehmen kann, ist bei NRZ die mögliche Anzahl der binären Stellen mit der Wertigkeit Null oder Eins im Prinzip unbegrenzt, d.h. es ist mit einer nicht definierten Reihe von Datenwörtern zu rechnen, die nur aus High- oder Low-Zuständen bestehen kann. Dies ist aus zwei Gründen unerwünscht:

1. Der Bit-Takt der Signaldaten muß sich aus dem Kanalcode selbst restaurieren lassen, da andernfalls eine getrennte Speicherung des Taktes, z.B. auf einer Taktspur nötig wäre.

2. Eine Bitfolge, die über längere Zeit keinen Statuswechsel aufweist, verursacht Gleichspannungsanteile und starke tieffrequente Komponenten.

In einem System, das – wie die Magnetbandaufzeichnung – Gleichspannung und Frequenzen im Bereich von wenigen Hertz nicht übertragen kann, wären die NRZ-Impulsfolgen bereits am Wiedergabekopf stark verzerrt und würden eine Wiedergabe unmöglich machen.

Das andere Extrem – möglichst viele Bitwechsel je Zeiteinheit – ist ebenso unerwünscht, weil dies starke hochfrequente Spektralkomponenten verursachen würde, die man im Sinne geringer Signalbandbreite und einer möglichst großen Aufzeichnungswellenlänge vermeiden muß. Ein idealer Code darf demnach nicht zu wenige, aber auch nicht zu viele Flußwechsel je Zeiteinheit haben.

Die Kenngrößen von Kanalcodes

Bezeichnet man mit d die minimale und mit k die maximale Anzahl von Nullen zwischen zwei benachbarten binären Einsen (Eins = Pegelübergang, Null = kein Übergang), dann lassen sich mit Festlegung von d bzw. k, Codes aufbauen, die den erwähnten Forderungen genügen. Ein großer Wert von d ist im Sinne hoher Packungsdichte wünschenswert, während k klein sein muß, um die Takt-Regeneration zu erleichtern. Codes mit definierten d und k heißen Run-Length-Limited-(RLL-)Codes. Weitere Anforderungen an RLL-Kanalcodes sind:

a) Breite Window-Margin (T_W).

Da das Auslesen der Datenimpulse am Wiedergabekopf taktgesteuert innerhalb eines vorgegebenen Zeitfensters (Window), d.h. Zeitabschnittes erfolgt, sollte dieser möglichst groß sein, um die Fehlersicherheit zu erhöhen. Je größer T_W ist, desto sicherer ist der Ausleseprozeß gegen kurzzeitige Schwankungen (Jitter) der Bandgeschwindigkeit und Pegelfehler. T_W wird auch als Jitter-Margin oder Phase-Margin bezeichnet.

b) Großer Minimal-Abstand zwischen zwei Pegelübergängen (T_{min}).

T_{min} – auch Minimum-Run-Length genannt – bestimmt die kleinste aufzuzeichnende Wellenlänge λ_{min} und damit die Packungsdichte, die – um geringen Bandverbrauch zu erreichen – möglichst hoch sein soll.

λ_{min} kann wegen der stark zunehmenden Band/Kopf-Abstandsverluste bei geringer werdenden Wellenlänge nicht beliebig klein gemacht werden. Das Verhältnis von T_{min} zur originalen Zeitdauer der Bitzelle ist der Dichtefaktor (Density Ratio).

c) Geringer Maximal-Abstand zwischen Pegelübergängen (T_{max}). Bei der Rückgewinnung des Systemtaktes unmittelbar aus dem Datenstrom ist wegen der Zeitbasisfehler niemals eine perfekte Synchronität zwischen dem auszulesenden und dem in der Wiedergabeelektronik erzeugten Systemtakt gewährleistet. Beide Taktfrequenzen werden üblicherweise durch eine Phase-Locked-Loop-Schaltung (PLL) miteinander verkoppelt. Zu Beginn eines Abspielvorganges, d.h. nach der Hochlaufzeit der Transportmechanik bzw. nach einem längeren Bandfehler sollte die PLL wieder schnell auf die Synchronimpulse vom Magnetband einrasten. Dies gelingt umso schneller, je kleiner T_{max} ist.

d) Kurze Constraint Length (L_c)

L_c bezeichnet die Eingrenzungslänge bei Kanalcode-Arten, die auf dem Prinzip der Umsetzung von m Datenbits in n Kanalbits beruhen. Bei der Decodierung bestimmt L_c die Anzahl der verfälschten Datenbits, die aus einem fehlerhaften Kanalbit durch Fehlerfortpflanzung (Error Propagation) entstehen.

2.4 Das Augenoszillogramm

Die aufgezeichneten Kanalcode-Impulse werden bei der Wiedergabe einer Schaltung zugeführt, die aufgrund des anliegenden Pegels entscheidet, ob eine binäre Eins oder Null vorliegt; dies geschieht innerhalb des Zeitfensters. Die ausgelesenen Impulse weisen gegenüber der originalen Impulsform starke Verzerrungen auf, die durch Jitter und Pegelschwankungen verursacht werden. In welchem Umfang Pegel- und Phasenfehler im Zusammenwirken von Kanalcode und Wiedergabeelektronik noch toleriert werden können ohne Datenfehler zu verursachen, läßt sich anhand des Augenoszillogrammes darstellen. Das Datensignal liegt am Y-Eingang eines Oszilloskops, während eine aus dem Datentakt synchronisierte PLL-Schaltung die Zeitbasis für den X-Eingang bildet.

Das Augenoszillogramm in *Abb. 2.4.1* entsteht durch Übereinanderschreiben vieler Impulse mit allen ihren Zeit- und Pegelfehlern. Die Entscheidungszone T_W des dargestellten NRZ-Codes ist dabei gleich dem minimalen Abstand zwischen Pegelübergängen. Aus der Höhe der Augenöffnung läßt sich der Einfluß der Amplitudenschwankungen ablesen; die ideale Öffnung a_1 ist nur bei voller Amplitude vorhanden. Die statistisch vorkommende „Worst-Case"-Amplitude a_2 bestimmt die minimale Augenöffnung. Je

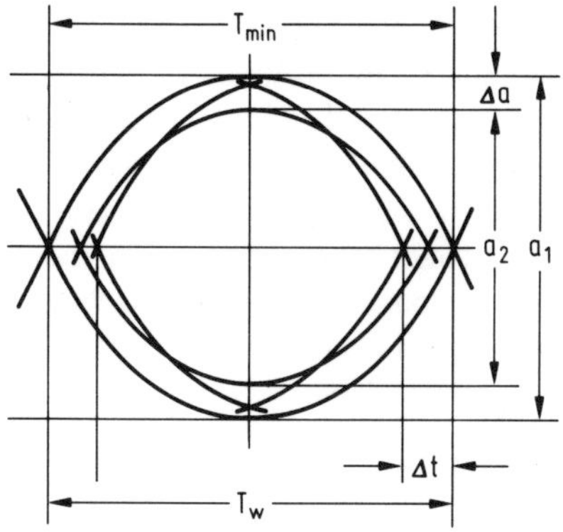

Abb. 2.4.1 Die Öffnungsbreite des Augenoszillogramms ist für Codes mit $T_W = T_{min}$ am größten

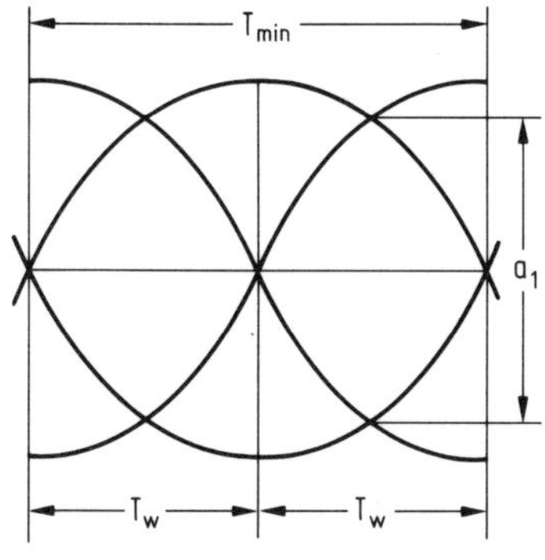

Abb. 2.4.2 Je größer das Verhältnis $T_{min} : T_W$ ist, desto schmaler wird das Entscheidungsfenster

geringer sie ist, desto größer wird die Gefahr der Falscherkennung eines Pegels, z.B. bei Auftreten eines Drop-Outs.

Ein Maßstab für die Güte des Amplituden-Detektors ist der Faktor p:

$$p = \frac{a_2}{a_1} = \frac{(a_1 - 2\Delta a)}{a_1}$$

Die Phasenschwankungen Δt engen die Breite der Augenöffnung ein und verringern damit T_W.

Das Augenoszillogramm für Codes mit $T_W = 0{,}5\ T_{min}$ weist zwei Entscheidungszonen auf. Die Augenöffnung beträgt nur 50% von T_{min} und stellt damit höhere Ansprüche an den Jitter des Bandtransportes; ferner ist die ideale Öffnungshöhe a_1 geringer als bei NRZ *(Abb. 2.4.2)*.

Quasiternäre Signale, d.h. Bitfolgen mit drei Pseudo-Wertigkeiten wie sie bei der Magnetbandaufzeichnung entstehen, haben – entsprechend dem Pegelverlauf – zwei Augenöffnungen und zwei Entscheidungsschwellen symmetrisch zur Nullinie.

Da die Anstiegssteilheit des Signals im Pegelmaximum Null ist, läßt sich dieses auch bestimmen, wenn das differenzierte Signal einem Nulldurchgang-Detektor zugeführt wird. Diese Methode hat den Vorteil, daß Amplitudenschwankungen wenig Einfluß auf die Genauigkeit ausüben.

2.5 Konventionelle Kanalcodes

Die Impulsformen einiger konventioneller Kanalcodes zeigt *Abb. 2.5.1*. *Tab. 1* nennt ihre Eigenschaften.

NRZ-I

Der Non-Return-to-Zero-Inverse-(NRZ-I-)Code ähnelt dem NRZ-Code; nur erfolgen die 0/1- bzw. 1/0-Übergänge in der Mitte der Bitzelle. Da der

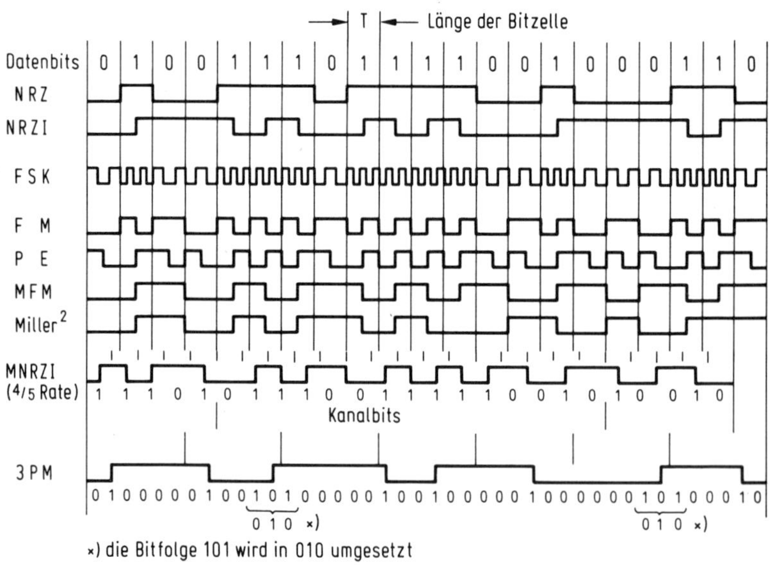

Abb. 2.5.1 Konventionelle Kanalcodes und ihre Impulsformen

Tabelle 1. Konventionelle Kanalcodes und ihre Eigenschaften

	NRZ NRZ-I	PE FM	MFM	Miller[2]	4/5 MNRZ I	3 PM
Window Margin T_W	T	0,5 T	0,5 T	0,5 T	0,8 T	0,5 T
Minimaler Abstand zw. zwei Pegeländerungen, T_{min}	T	0,5 T	T	T	0,8 T	1,5 T
Maximaler Abstand zw. zwei Pegeländerungen, T_{max}	unbestimmt, da kein RLL-Code	T	2 T	3 T	2,4 T	6 T
Gleichspannungsanteil	hoch	sehr gering	gering	sehr gering	gering	gering
Constraint Length L_C	T	T	T	3 T	4 T	9 T
Takt	ohne	$\frac{2}{T}$	$\frac{2}{T}$	$\frac{2}{T}$	$\frac{1,25}{T}$	$\frac{2}{T}$
Dichtefaktor DR	1	0,5	1	1	0,8	1,5

T = Original-Bitlänge

Code nicht selbsttaktend ist, findet er keine Anwendung auf dem Audiogebiet.

FM

FM in digitalen Anwendungen heißt zwar auch Frequenzmodulation, ist hier jedoch eine Form der Frequenzumtastung. Eine binäre Eins weist zwei Umtastungen auf; eine binäre Null einen High/Low- oder Low/High-Übergang. Der Code wird auch Bi-Phase-S oder Bi-Φ-S genannt. Bi-Φ-M entsteht durch Vertauschen von Null und Eins.

Phase Encoding

Phase Encoding (PE) trägt auch die Bezeichnungen Bi-Phase-L, Bi-∅-L oder Manchester-Code. Die den Binärwert angebenden Pegelübergänge sind stets in der Mitte der Bitzelle; eine ansteigende Flanke kennzeichnet eine binäre Eins, eine absteigende Flanke eine binäre Null; auch die umgekehrte Zuordnung ist üblich. Folgen einander mehrere gleichartige Binärwerte, so wird ein Übergang im Datenbit-Takt eingeschoben.

FM und PE benötigen fast identische Bandbreiten. Beide Codes sind weitgehend gleichspannungsfrei und weisen mindestens eine Umtastung in einer Bitzelle auf; die Takt-Regeneration ist relativ leicht. Für Aufzeichnungszwecke nachteilig wirkt sich die gegenüber NRZ verdoppelte Bandbreite aus.

Keiner der Codetypen findet Anwendung bei der Nutzsignalspeicherung; sie werden jedoch häufig als Hilfscodes für Kontrollimpuls- und Zeitcode-Aufzeichnung eingesetzt.

Modifizierte Frequenzmodulation

Die Modifizierte Frequenzmodulation (MFM), auch Miller Code oder Delay Modulation genannt hat folgende Code-Regeln:

- eine binäre Eins wird durch einen Pegelwechsel in der Mitte der Bitzelle gebildet
- eine binäre Null entspricht dem Fehlen eines Pegelwechsels
- folgen mehrere binäre Nullen aufeinander, werden Pegelübergänge an den Grenzen der Bitzellen eingeschoben.

MFM weist einen geringen Gleichspannungsanteil auf. Die gegenüber FM geringere Bandbreite, die einfache Taktrückgewinnung sowie der relativ hohe Dichtefaktor $DR = \frac{T_{min}}{T} = 1$ haben diesen Code in digitalen Tonaufzeichnungsgeräten von 3M, Mitsubishi und Matsushita Anwendung finden lassen. Der Decoderaufwand ist relativ hoch.

Miller²

Eine verbesserte Version der MFM ist der Miller²-Code, der auch die Bezeichnung Modifizierte MFM, MMFM oder M^2FM trägt. Ein bei MFM durch Nullinienverschiebung verursachter Gleichspannungsanteil, der immer dann vorhanden ist, wenn eine gerade Anzahl binärer Einsen von zwei binären Nullen umgeben ist (Abb. 2.5.1), wird durch die Modifikation beseitigt. Man läßt den Pegelwechsel der letzten binären Eins bei dieser kritischen Konstellation fort.

Der beträchtlich reduzierte Energieanteil bei tiefen Frequenzen macht diesen Code neben der Aufzeichnung von Audiodaten geeignet für Servosignale in optischen Speicherplatten (Video Disk) sowie für System-Steuerdaten.

4/5-MNRZI-Code

Der Modifizierte Non-Return-To-Zero-Inverse-Code gehört zu einer umfangreichen Gruppe von Codes, bei denen m Datenbits durch „Vermengung“ mit weiteren Pegelübergängen (Merging Bits) n Kanalbits ergeben. Diese werden dann wie NRZI-Codierung behandelt. Der Aufwand für die Decodierschaltung steigt etwa proportional mit der Anzahl der Kanalbits n.

Ein Code mit m = 4 und n = 5 (4/5-Rate) wird in IBM-Bandgeräten hoher Speicherdichte eingesetzt; er toleriert relativ große Jitterwerte, da seine Window Margin recht breit ist ($T_W = T_{min} = 0{,}8$). Er trägt auch die Bezeichnung Group Coded Recording (GCR).

3 PM

Die Three-Position-Modulation (3 PM) gehört zur MNRZI-Gruppe (m = 3; n = 6). Die Einfügung der Merging Bits erfolgt jedoch nicht nach einer linearen Regel, sondern anhand einer Konversionstabelle *(Abb. 2.5.2)*. Alle binären Einsen werden durch mindestens zwei eingeschobenen Nullen getrennt. Die in Abb. 2.5.1 erscheinende 101-Kombination verletzt die Merging-Regel und wird durch eine 010-Folge ersetzt. Damit dies an jeder

Abb. 2.5.2 Konversionstabelle für 3PM

Bitfolge-Nr.	Datenbits	Kanalbits
0	0 0 0	0 0 0 0 1 0
1	0 0 1	0 0 0 1 0 0
2	0 1 0	0 1 0 0 0 0
3	0 1 1	0 1 0 0 1 0
4	1 0 0	0 0 1 0 0 0
5	1 0 1	1 0 0 0 0 0
6	1 1 0	1 0 0 0 1 0
7	1 1 1	1 0 0 1 0 0

Code	maximale Aufzeichnungsfrequenz für eine Datenbitrate von 3,2193 Mbit/s
PE	3,2193 MHz
MFM	1,60965 MHz
3PM	1,0731 MHz

Abb. 2.5.3 Die maximal notwendige Aufzeichnungsfrequenz wird stark vom gewählten Kanalcodetyp beeinflußt. Bei 3PM beträgt sie nur ein Drittel der Datenbitrate

beliebigen Stelle geschehen kann, ist das letzte Kanalbit in Abb. 2.5.1 stets Null. Die Window-Margin entspricht der von MFM (T_W = 0,5 T).

3 PM wurde bereits im Prototyp eines digitalen Mehrkanalrecorders von Sony eingesetzt; der Code erlaubt hohe Packungsdichten bei relativ großer Zuverlässigkeit. Wie man aus *Abb. 2.5.3* ersehen kann, bildet 3 PM ein Beispiel für die Verringerung der maximalen Aufzeichnungsfrequenz durch Wahl eines geeigneten Kanalcodes; dennoch wurde auch dieser Code von anderen Entwicklungen abgelöst, bevor er in der Praxis angewendet werden konnte. Umfangreichere Schaltungen für die Decodier-Logik ließen sich erst mit dem Aufkommen „schneller" und preiswerter Chips mit einer hohen Anzahl von Gattern verwirklichen. Immerhin muß der Decoder in Echtzeit (!) bei jeder eintreffenden Bitkombination die Konversionstabelle durchsuchen, um die ursprüngliche Datenfolge wieder herzustellen. Ähnliches gilt für die Codierstufen.

2.6 Bandbreite und Energieverteilung

Geringfügig erscheinende Eingriffe in die Codestruktur wie Zuordnung von 0/1- oder 1/0-Flanken der originalen Bitfolge zu den Kanalcode-Bits, Festlegung der Pegelübergänge und ggf. Einschieben von Zusatzbits bewirken erhebliche Verschiebungen der spektralen Energie innerhalb der vom Kanalcode beanspruchten Bandbreite. *Abb. 2.61* zeigt die Verteilung für NRZ-I, MFM und PE.

Ein Bewertungskriterium für den Gleichspannungsanteil eines Kanalcodes ist der Digital Sum Value (DSV); er läßt den jeweils resultierenden Gleichspannungspegel vom Beginn des Kanalbitstromes an erkennen, wenn die High- und Low-Pegel jedes Kanalbits als „+1" bzw. „−1" gezählt werden. *Abb. 2.6.2a* zeigt den DSV bei MFM und *Abb. 2.6.2b* den durch sorgfälti-

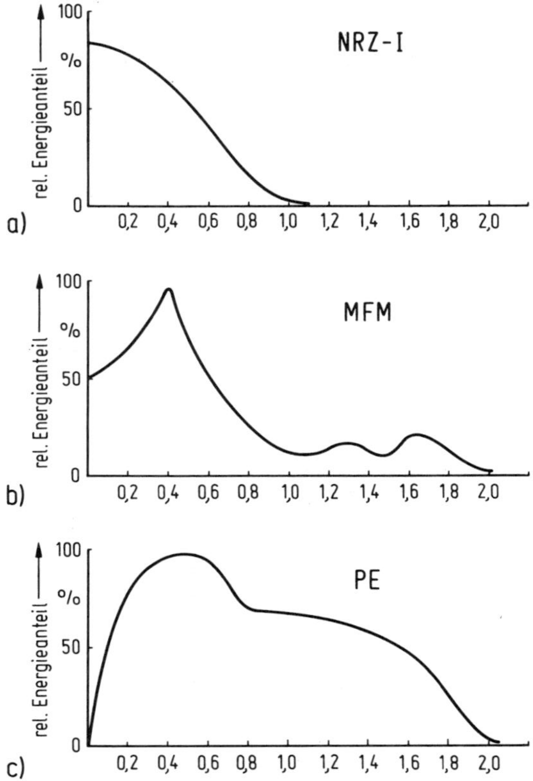

Abb. 2.6.1 Energieverteilung und Bandbreite von NRZ-I (a); MFM (b) und PE (c). Die Frequenzachse ist normiert und bezogen auf die Bitrate beschriftet

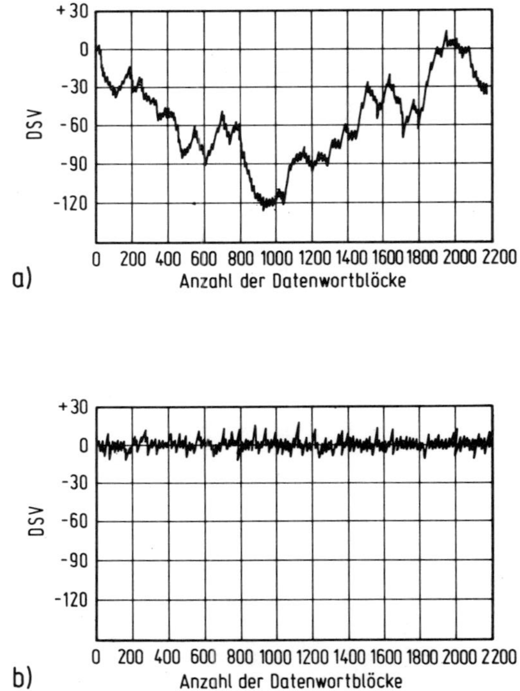

Abb. 2.6.2 Der Digital Sum Value (DSV) stellt ein Be-Wertungskriterium für den vom Kanalcode erzeugten Gleichspannungsanteil dar. Der DSV von MFM (a) erreicht weit größere Werte als bei EFM (b), da hier die Gleichspannungskomponenten durch Merging Bits in engen Grenzen gehalten werden. Die x-Achse ist in Wortblöcke unterteilt

ge Strukturierung der Bit-Übergänge wesentlich verringerten DSV des im Compact-Disc-System verwendeten EFM-Codes.

2.7 Neuere Kanalcodes

Weiterentwickelte Kanalcodes ergeben ein Optimum an Datendichte bei hoher Zuverlässigkeit und bester Anpassung an die Eigenschaften der Magnetbandaufzeichnung. Wichtig für das Zusammenwirken von Datenform und Datenträger sind auch geeignete Magnetkopfausführungen sowie defektstellenarme, langzeitstabile und von den physikalischen Eigenschaften her gut abgestimmte Bandtypen.

Die Codes zeigen einen gemeinsamen Trend: Sie entstehen nach recht komplexen Codiervorschriften, mit denen der spektrale Energieanteil nach tiefen Frequenzen hin abgesenkt wird und gleichzeitig die maximale Aufzeichnungsfrequenz so niedrig wie möglich gewählt werden kann. Codearten, die eine gegenüber dem Bit-Takt der Datenbits vierfach höhere Taktfrequenz zur Ableitung der Kanalbits benötigen, stellen freilich höchste Ansprüche an die Transport-Mechanik in bezug auf die Jitter-Margin. Die

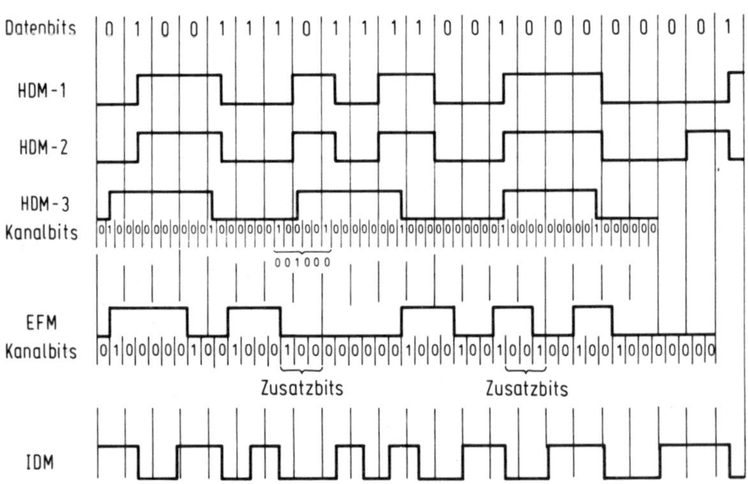

Abb. 2.7.1 Kanalcodes für die PCM-Magnetton-Aufzeichnung und für digitale Schallplatten

Tabelle 2. Eigenschaften neuerer Kanalcodes für PCM-Aufzeichnung und digitale Schallplatten

	HDM-1	HDM-2	HDM-3	EFM	IDM
Window Margin T_w	0,5 T	0,5 T	0,33 T	0,471 T	0,5 T
Minimaler Abstand zw. zwei Pegeländerungen, T_{min}	1,5 T	1,5 T	2 T	1,41 T	T
Maximaler Abstand zw. zwei Pegeländerungen, T_{max}	4,5 T	4 T	8,33 T	5,18 T	2 T
Gleichspannungsanteil	gering	gering	gering	nicht vorhanden	gering
Constraint Length L_c	5,5 T	7,5 T	12 T	8 T	4 T
Takt	$\frac{2}{T}$	$\frac{2}{T}$	$\frac{3}{T}$	$\frac{17}{8\,T}$	$\frac{2}{T}$
Dichtefaktor DR	1,5	1,5	2	1,41	1

T = Original-Bitlänge

Impulsformen einiger neuerer Kanalcodes zeigt *Abb. 2.7.1, Tabelle 2* nennt die wichtigsten Eigenschaften.

High-Density-Modulation

In der gemeinsam von den Herstellern Sony, Studer, MCI und Matsushita vertretenen Familie von Formaten für professionelle Recorder mit Longitudinalaufzeichnungen wird ein Kanalcode mit der Bezeichnung High-Density-Modulation-1 (HDM-1) eingesetzt.

Verwendung findet dieser Code zunächst in der 24-Kanalmaschine PCM-3324 von Sony. Er gestattet, verglichen mit MFM, eine 50 Prozent höhere Packungsdichte bei gleicher Aufzeichnungswellenlänge. Die Codiervorschriften zeigt *Abb. 2.7.2.* Ein 0/1-Übergang von Datenbits wird stets als

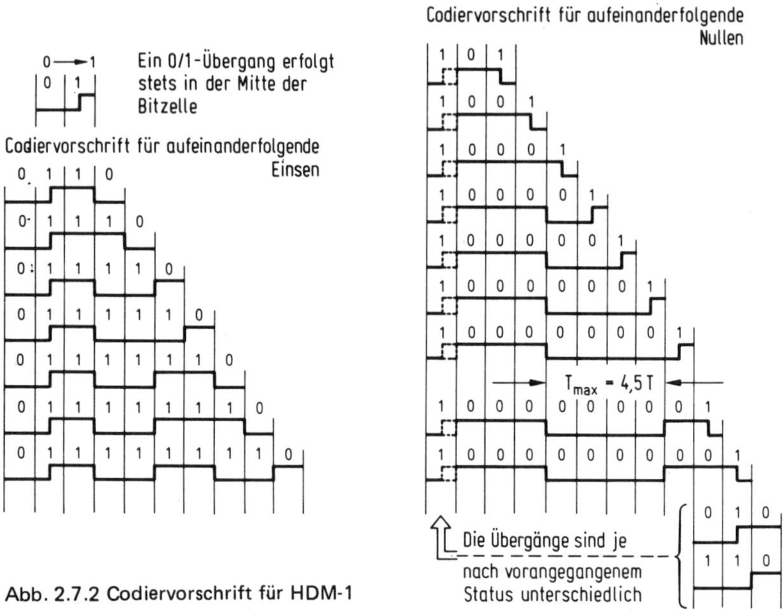

Abb. 2.7.2 Codiervorschrift für HDM-1

Pegelsprung in der Mitte der Bitzelle dargestellt, während für einander folgende Einsen alle zwei binären Einsen ein Pegelsprung an den Bitzellengrenzen stattfindet, der unabhängig vom nächsten Bitstatus ist. Folgen drei Einsen vor einer Null, so wird ein Pegelwechsel zwischen Eins und Null an der Bitzellengrenze eingeschoben. Bis zu drei aufeinander folgende Datenbit-Nullen bewirken keinen Pegelsprung; zwischen einer dritten und einer vierten Null findet ein Übergang statt. Folgen vier Nullen und mehr nacheinander, so wird auch hier ein Pegelübergang an der Bitzellengrenze nach je vier Nullen eingeschoben.

HDM-1 ist nicht blockförmig organisiert, d.h. im Gegensatz zu 3 PM legt er keinerlei Beschränkungen bei der Blockbildung auf.

Nochmals verbesserte HDM-Versionen tragen die Bezeichnungen HDM-2 und HDM-3. Während HDM-2 dem HDM-1-Code sehr ähnlich ist, läßt sich HDM-3 mehr mit einem MNRZI-Code vergleichen, bei dem vier Datenbits in 12 Kanalbits konvertiert werden. Die minimale Aufzeichnungswellenlänge beträgt das Doppelte von MFM bzw. das Vierfache von PE. Beide Codes sind späteren Applikationen vorbehalten [12].

2/4 M-Code und 8/9 M-Code

Von Mitsubishi wurden zwei Codetypen vorgeschlagen, die leichte Taktregeneration, gute Pegel-Detektierbarkeit und Unempfindlichkeit gegen Jitter aufweisen. Beim 2/4 M-Code werden zwei Datenbits in vier Kanalbits, und beim 8/9 M-Code jeweils acht Datenbits in neun Kanalbits umgesetzt [13].

Die entsprechenden Modulations- und Demodulationsschaltungen lassen sich trotz der komplexen Codiervorschriften recht einfach aus einem Pro-

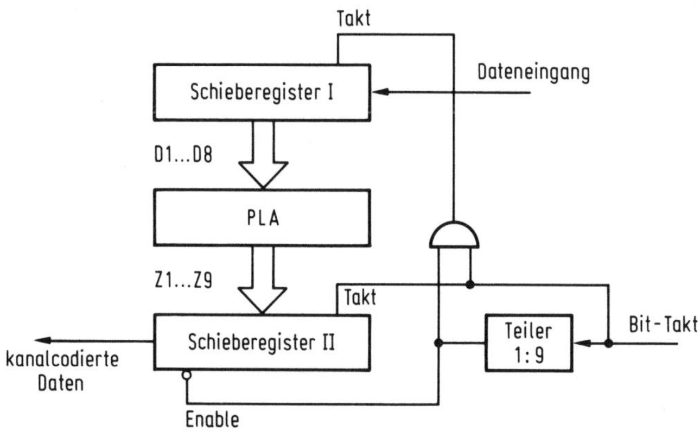

Abb. 2.7.3 Schema eines 8/9M-Code-Modulators. Die Datenbits D_1 ... D_8 werden in die Kanalbits Z_1 ... Z_9 umgesetzt. Der Codieralgorithmus ist im Programmable Logic Array (PLA) enthalten

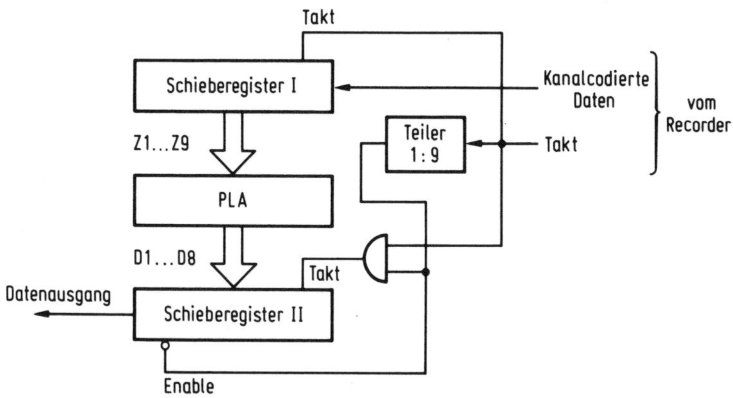

Abb. 2.7.4 Auch die Demodulation der neun Kanalcode-Bits des 8/9M-Codes in acht Datenbits ist relativ einfach mit einem PLA durchzuführen

grammable-Logic-Array (PLA) und Schieberegistern aufbauen. *Abb. 2.7.3* zeigt die Blockschaltung eines 8/9 M-Modulators, *Abb. 2.7.4* die des zugehörigen Demodulators.

EFM

Speichersysteme mit optischer Auslesung der Digitaldaten weisen andere Kanaleigenschaften auf als Magnetbandgeräte. Bei der Entwicklung eines Kanalcodes für das Compact Disc Digital Audio System ging man von einer relativ komplexen Strategie auf der Codierer-Seite aus, die einen recht hohen Hardware-Aufwand erfordern darf, während die entsprechende Decodier-Elektronik in den Abspielgeräten möglichst hoch integrierbar sein sollte, um die Kosten geringer zu halten. Eine weitere Forderung bestand in einer großen Bandbreite für die Spurführungs- und Fokussierungs-Servosysteme, da die Compact Disc auch in mobilen Einrichtungen (Kraftfahrzeuge) abgespielt wird und erhebliche Beschleunigungskräfte von der Servoregelung aufzufangen sind.

Die Eight-to-Fourteen-Modulation (EFM) ist eine Form des MNRZI-Code mit m = 8 und n = 14. Zur genauen Steuerung der Gleichspannungskomponenten und Unterdrückung tieffrequenter Energieanteile werden drei weitere Kanalbits (Merging Bits) hinzugesetzt. Da EFM eine blockweise Organisation hat, ist eine Fehlerfortpflanzung über einen 8-Bit-Block hinaus nicht zu erwarten.

IDM

Ein der MFM-Struktur ähnlicher Code ist die Identified Delay Modulation (IDM). Sie wird von Telefunken für die digitale Schallplatte Mini Disc vorgeschlagen. Die Impulsformen sind in Tabelle 2 enthalten.

2.8 Der Fehlerschutz

Die Erfahrungen haben gezeigt, daß der auf Magnetband gespeicherte Bitfluß stark mit Fehlern behaftet ist, wobei die Fehlerrate eine große Streuung aufweist; sie liegt etwa im Bereich von 10^{-2} . . . 10^{-6}. Dies bedeutet, daß jedes Hundertste bis Millionste Bit falsch sein kann.

Auch die Fehlerlänge ist statistischen Schwankungen unterworfen, allerdings gibt es einen Schwerpunktbereich, der durch einen in der Praxis noch zu beherrschenden oberen Wert begrenzt wird. Alle Maßnahmen zum Fehlerschutz müssen daher vom Schaltungsaufwand einerseits und von den möglichen auftretenden Fehlern andererseits ausgehen.

Fehlerursachen

Eine Hauptursache bilden Beschichtungsfehler bei der Bandherstellung (Drop-Outs). Sie können die Magnetschicht auf längere Zeit unterbrechen und damit größere Datenausfälle verursachen (max. etwa 10 000 Bits). Im praktischen Gebrauch treten – vor allem bei offenliegenden Bandwickeln – weitere Störgrößen wie Staub, Knicke, Fingerabdrücke, Kratzer und Verspannung des Trägermaterials auf.

Bereits ein Fingerabdruck auf dem Digitalband zerstört eine beachtliche Anzahl von Informationen, da die Aufzeichnungswellenlänge sehr gering ist (ca. 2 μm) und das Magnetband durch die Zwischenschicht vom Kopf abgehoben wird *(Abb. 2.8.1)*; ähnliches gilt für Staubablagerungen. Der Abstandsverlust (Spacing Loss) fällt mit geringer werdender Grenzwellenlänge immer mehr ins Gewicht. Bandfehler haben – gemessen an der Aufzeichnungsdichte – immer eine relativ lange Dauer, die eine Zerstörung

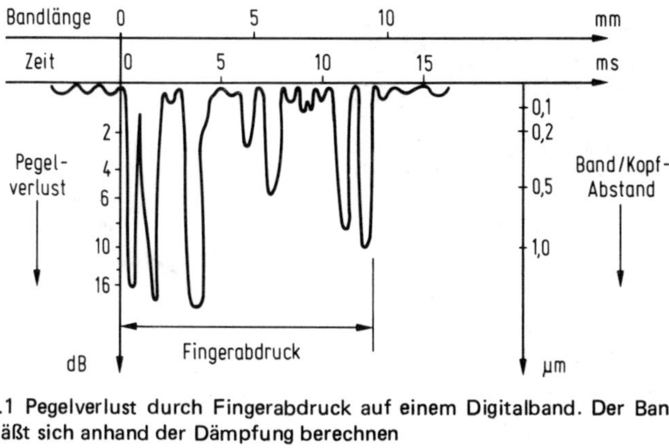

Abb. 2.8.1 Pegelverlust durch Fingerabdruck auf einem Digitalband. Der Band/Kopf-Abstand läßt sich anhand der Dämpfung berechnen

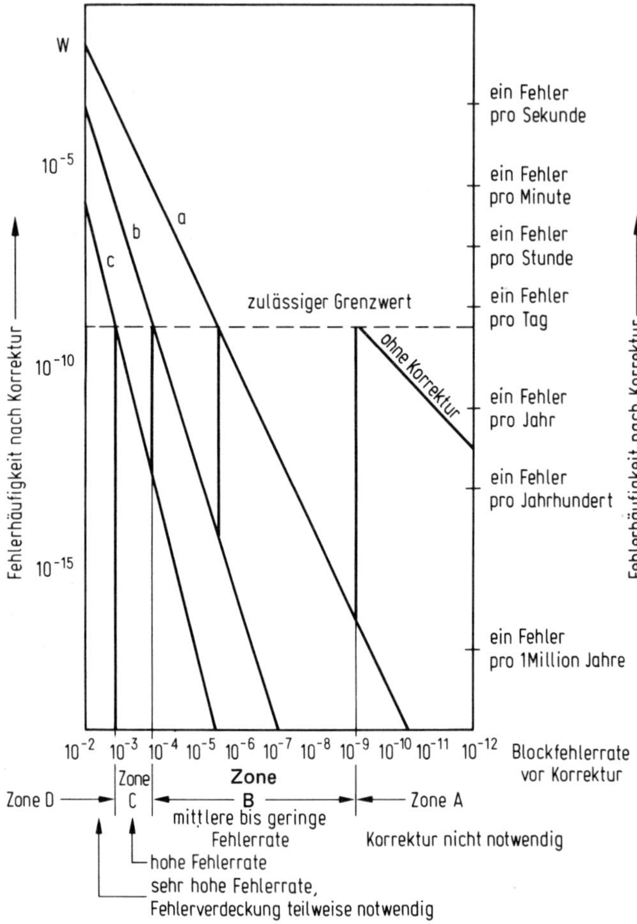

Abb. 2.8.2 Wirksamkeit einiger Fehlerkorrekturcodes gegen Zufallsfehler. a = Erasure, b = b-Adjacent-Code, Reed-Solomon-Code, c = Cross-Interleave-Code

von Datenbündeln (Bursts) verursacht. Der Schutz gegen Bündelfehler ist deshalb das Hauptanliegen der Fehlerkorrektur.

Die grafische Darstellung von Fehlerschutzmaßnahmen ist wegen des Zufallscharakters der Fehler nur möglich, wenn man recht große Unschärfezonen in Kauf nimmt *(Abb. 2.8.2)*. Ziel des Fehlerschutzes bei der digitalen Aufzeichnung ist die Verringerung der Fehlerhäufigkeit W nach der Korrektur. Ausgangsgrößen für die Codeentwicklung sind Erfahrungswerte der Fehlerhäufigkeit P vor der Korrektur und die Festlegung eines zulässigen oberen Wertes für W.

Es hat sich gezeigt, daß selbst ein theoretischer, durch Fehlerkorrektur erreichbarer Wert für W wie z.B. ein Fehler in einer Million Jahre, aufgrund der Summierung aller Fehlereinflüsse unter Betriebsbedingungen (Bandqualität, Präzision des Bandantriebes, Temperatur, Feuchtigkeit, Staub, Zigarettenrauch, Sorgfalt bei der Handhabung usw.) gerade einen brauchbaren Fehlerschutz ergeben kann. Die Steilheit der Geraden a, b und c (Abb. 2.8.2), die den Einfluß der Fehlerkorrektur darstellen, ist daher nur für einen Fehlertypus, in diesem Fall für Zufallsfehler definierbar; in der Praxis können jedoch Zufalls- und Bündelfehler unterschiedlicher Länge in beliebiger Kombination vorkommen.

Hätte man nur mit einer statistischen Fehlerhäufigkeit vor der Korrektur von 10^{-10} und weniger zu rechnen (Bereich A), so könnte theoretisch jede Fehlerschutzmaßnahme entfallen. Die Bereiche B und C gehen fließend ineinander über; sie stellen das Gebiet dar, für das die Dimensionierung des Codes erfolgt. Ist die Korrekturfähigkeit eines Codes erschöpft, dann übersteigt die Fehlerhäufigkeit nach der Korrektur einen (in der Grafik willkürlich eingezeichneten) Grenzwert; hier beginnt der Bereich D, innerhalb dessen eine Verdeckungsschaltung die nicht mehr korrigierbaren Datenwörter annähern kann, bis auch ihre Interpolationsfähigkeit aussetzt.

Die in Abb. 2.8.2 angegebenen Codes sind a = Erasure, b = b-Adjacent- bzw. Reed-Solomon-Code und c = Cross-Interleave-Code. Sie werden in einem späteren Abschnitt behandelt.

Weitere Fehlergrößen sind:

1. Jitter

Jeder Bandtransport weist eine geringe mechanische Ungenauigkeit auf; die Antriebs- und Führungselemente erzeugen im Zusammenwirken mit den elastischen Eigenschaften des Bandes kurze zeitliche Schwankungen (Jitter) in der Abfolge, mit der die Datenimpulse am Wiedergabekopf eintreffen, so daß bei Überschreiten eines Grenzwertes die Lesbarkeit beeinträchtigt wird (Jitter Margin). Die Jitter Margin wird von der Art des Kanalcodes beeinflußt.

Der vom Jitter verursachte Fehler hat Zufallscharakter; er verfälscht einzelne oder eine geringe Zahl von Bits innerhalb des Datenstromes. Die Zusammenhänge zwischen Jitter Margin und Datenlesbarkeit bei NRZ-

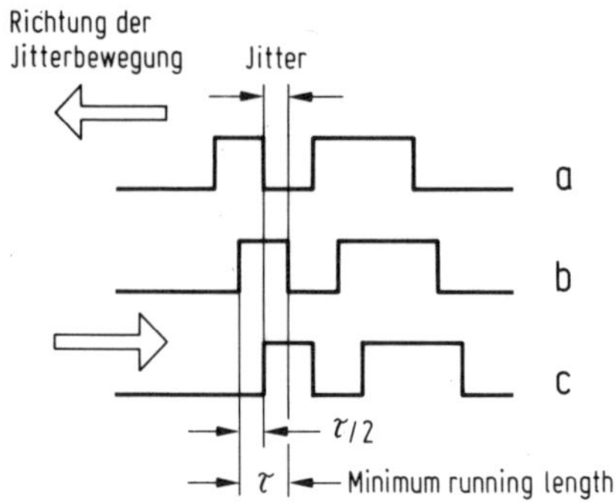

Abb. 2.8.3 Jitter Margin bei NRZ-Code. Der Jitter bewirkt ein späteres (a) oder früheres (c) Eintreffen der Impulse gegenüber der Impuls-Normallage (b)

Code zeigt *Abb. 2.8.3* Wenn die Minimum Running Length τ ist, beträgt die Jitter Margin ± 1/2 τ.

2. Intersymbol Interference

Bei der Direktaufzeichnung werden die Datenimpulse als Flußwechsel der Magnetisierung dargestellt. Einer positiv gerichteten Magnetisierung folgt eine negativ gerichtete *(Abb. 2.8.4)*.

Die räumliche Ausdehnung des Signals ist daher – ebenso wie die zeitliche – größer als die eigentliche Bitzelle des Kanalbits. Bei geringer Aufzeichnungsdichte tritt zwar noch keine scheinbare Verbreiterung des Impulses auf; wird die Länge der Bitzelle auf dem Band jedoch durch Erhöhung der

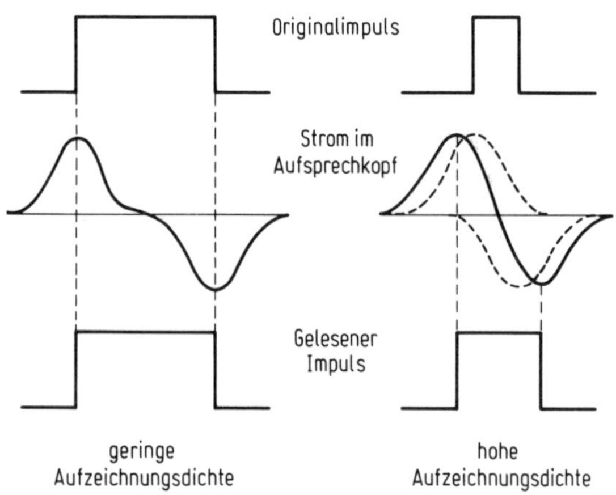

Abb. 2.8.4 Der Effekt der Intersymbol-Störung ist von der Aufzeichnungsdichte abhängig

Aufzeichnungsdichte immer mehr verkürzt, dann können sich benachbarte Bitzellen gegenseitig beeinflussen und im Lesekopf eine zeitliche Verschiebung der Maximal-Magnetisierung bzw. der Maximalamplitude bewirken (Peak Shift). Dieser Effekt hängt ebenfalls von der minimalen Aufzeichnungswellenlänge bei einem bestimmten Kanalcode ab; da der hierbei entstehende Fehler immer nur bei bestimmten Bit-Kombinationen auftritt, läßt er sich durch eine zeitliche Vorentzerrung (Precompensation) in Form einer Verkürzung der kritischen Bitzelle beseitigen.

3. Rauschen
Unregelmäßigkeiten in der Magnetisierung haben einen ähnlichen Effekt wie Drop-Outs, wenn es sich hier auch um kurzzeitige, schnell aufeinanderfolgende Pegelschwankungen handelt; sie bewirken Zufallsfehler einzelner Bits. Rauschen im Sinne analoger Erscheinung ist in der Digitaltechnik nicht existent.

4. Willkürliche Unterbrechung der Bitfolge
Wenn man das Magnetband mechanisch schneidet, wird die nach einem festen Schema ablaufende Folge von Datenworten zerstört. An der Stoß- bzw. Klebestelle folgen nun teilverstümmelte Daten aufeinander, wobei meist auch die zum Auslesen notwendige Synchronisation nicht mehr vorhanden ist. Ungenaues Verbinden der Klebestellen kann ferner Datenausfall durch Abstandsverluste oder ungenaue Spurführung verursachen. Der mechanische Schnitt stellt höchste Ansprüche an die Fehlerschutz-Strategie des Gesamtsystems und steht damit in starkem Gegensatz zur Erhöhung der Packungsdichte.

Wie bereits bei der Definition des Begriffes Information erwähnt, ist ihr Hauptmerkmal die Übermittelung von etwas Neuem, nicht Vorhersagbaren. Diese Eigenschaft wirkt sich auch auf die Fehlerschutzstrategie aus, da der Informationsempfänger nicht imstande ist, der Nachricht zu entnehmen, ob sie eindeutig richtig oder verfälscht ist. Es ist daher notwendig, der Information selbst, bevor man sie auf den Weg schickt, ein oder mehrere Zusatzzeichen anzufügen, die dann mittels geeigneter Operationen gestatten, ein falsches Datenwort zu erkennen und zu korrigieren. Die Fehlerkorrektur bei der digitalen Tonaufzeichnung ist somit eine Vorwärtskorrektur.

2.9 Fehlerverdeckung

Das menschliche Ohr ist für Codefehler in Digitalsignalen besonders empfindlich, weil falsche Datenwörter nach der D/A-Konversion die Hüllkurve der reproduzierten Tonsignale und den Oberwellengehalt kurzzeitig sehr stark verändern. Die Fehlerkorrektur kann vom Konzept her allerdings nur einen Grenzwert für die Fehlerhäufigkeit berücksichtigen; treten dann weitere Bitfehler auf, so würde die Wiedergabequalität immer noch stark beeinträchtigt. Aus diesem Grund setzt dann eine Fehlerverdeckung ein, die das fehlerhafte Abtastwort zwar nicht restaurieren kann, seinen ursprünglichen Wert jedoch so nachbildet, daß mit Unterstützung des Maskierungseffektes durch natürliche Oberwellen im Tonsignal eine Verfälschung nicht durch das Gehör erkannt wird. Zur Fehlerverdeckung bieten sich mehrere Methoden an, die in Aufwand und Wirkung unterschiedlich sind:

1. Nullsetzung (Muting)

Ein als falsch erkanntes Abtastmuster wird durch Stummschaltung unwirksam gemacht. Da die Wirkung – statistisch gesehen – die gleiche ist, als bliebe das fehlerhafte Muster unkorrigiert, wird die Nullsetzung in der Praxis nicht verwendet.

2. Beibehalten des vorhergehenden Abtastmusters (Previous Word Hold)

Als Ersatz für ein fehlerhaftes Sample wird der vorhergehende Wert genommen. Während die Verdeckungswirkung bei tiefen Frequenzen ausreicht, entstehen hörbare Störungen bei höheren Frequenzen.

3. Lineare Interpolation

Der Mittelwert aus dem vorangegangenen und dem nachfolgenden Datenwort ersetzt das fehlerhafte Datenwort. Die Verdeckung ist – vor allem bei Signalen mit einem Anteil natürlicher Oberwellen – in den meisten Fällen nicht wahrnehmbar.

4. Interpolation höherer Ordnung

Bezieht man mehrere vorangegangene und nachfolgende Datenwörter in die Nachbildung des zerstörten Wortes ein, so kann das fehlerhafte Abtastmuster recht genau nachgebildet werden. An die Stelle der Geraden, die die Kurvenpunkte der benachbarten Muster als Stützstellen benutzt, treten dann Teile einer Parabel bzw. von Kurven höherer Ordnung. Allerdings steigt – gemessen an der Verbesserung der Verdeckungswirkung – der Aufwand für die notwendigen Speicher-, Addierer- und Multiplizierer-Bausteine.

Abb. 2.9.1 zeigt eine Folge von Abtastmustern und Verdeckungen durch Nullsetzung (a), Beibehaltung des vorangegangenen Datenwortes (b) und lineare Interpolation (c).

Im praktischen Einsatz von digitalen Aufnahmegeräten kann eine Zerstörung sehr vieler aufeinanderfolgender Abtastmuster auftreten, so daß auch die übliche Verdeckung nicht mehr möglich ist. Eine „Notmaßnahme" stellt in diesem Fall die lineare Mehrfach-Interpolation dar *(Abb. 2.9.2)*, durch die sich drei Datenwörter aus einem Fünferblock bzw. sechs aus

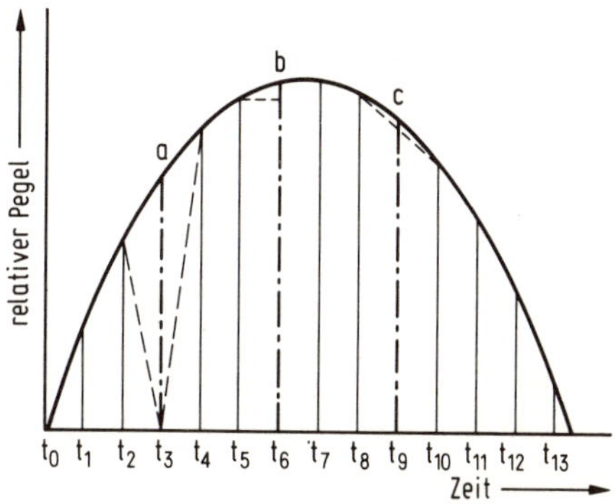

Abb. 2.9.1 Die Fehlerverdeckung substituiert nicht mehr korrigierbare Abtastmuster durch Nullsetzung (a), Übernahme des zeitlich vorangehenden Wertes (b) oder lineare Interpolation aus benachbarten Mustern (c); auch die Interpolation unter Nutzung mehrerer aufeinanderfolgender Muster ist üblich

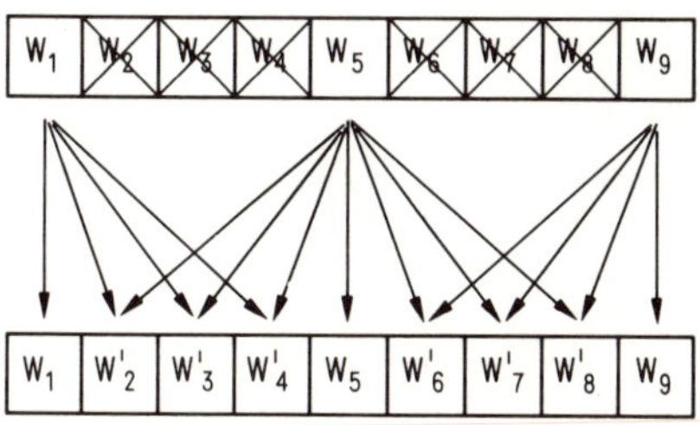

Abb. 2.9.2 Die lineare Mehrfach-Interpolation stellt eine Notmaßnahme dar mit der drei zerstörte Datenwörter aus einer Fünfergruppe durch unterschiedliche Gewichtung der beiden Stützstellen grob angenähert werden können

einem Neunerblock zufriedenstellend annähern lassen. Die Nachbildung der fehlenden Wörter W' erfolgt mit der Gewichtung

$$W_2' = 3/4\,W_1 + 1/4\,W_5$$
$$W_3' = 1/2\,W_1 + 1/2\,W_5$$
$$W_4' = 1/4\,W_1 + 3/4\,W_5$$
$$W_6' = 3/4\,W_5 + 1/4\,W_9$$
$$W_7' = 1/2\,W_5 + 1/2\,W_9$$
$$W_8' = 1/4\,W_5 + 3/4\,W_9$$

Die Multiplikation mit dem Koeffizienten 1/2 oder 1/4 läßt sich sehr einfach durch Stellenverschiebung der Stützwörter um ein bzw. zwei Bits bewirken, da die Verschiebung um eine Stelle in Richtung LSB den Faktor 0,5 (–6 dB) darstellt, bzw. um zwei Stellen den Faktor 0,25 (–12 dB). Der Koeffizient 3/4 ist eine Kombination beider Möglichkeiten. Eine derartige Interpolation findet Anwendung in der 24-Kanal-Maschine PCM-3324 von Sony.

Die Unterdrückung von hörbaren Störungen durch die Verdeckung entspricht, wie Untersuchungen ergaben, recht genau der Störleistung der nach den verschiedenen Methoden nachgebildeten Abtastmuster. Diese Störleistung läßt sich grafisch darstellen und ist ein Maß für die Wirksamkeit der Verfahren *(Abb. 2.9.3)*. Die Wahrnehmbarkeit ist hier für Sinustöne einge-

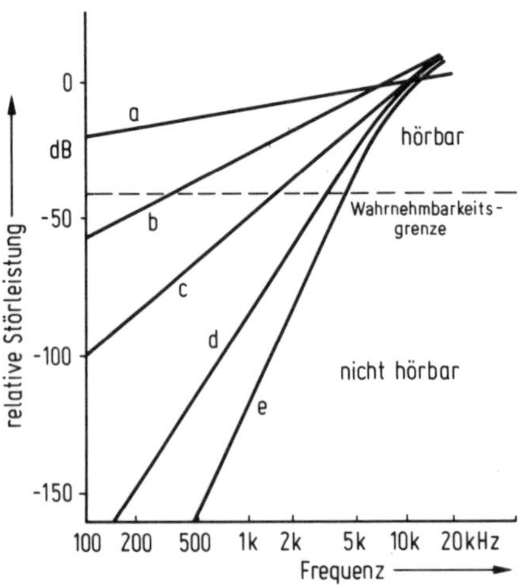

Abb. 2.9.3 Die bei den verschiedenen Verdeckungsmethoden entstehende Störleistung durch die Nachbildung der Abtastmuster, entspricht oberhalb einer Wahrnehmungsgrenze recht gut dem hörbaren Effekt. Generell nimmt die Verdeckbarkeit in Richtung höherer Frequenzen ab. Es bedeuten: a = Nullsetzung; b = Beibehaltung des vorangegangenen Wortes; c = lineare Interpolation fünfter Ordnung

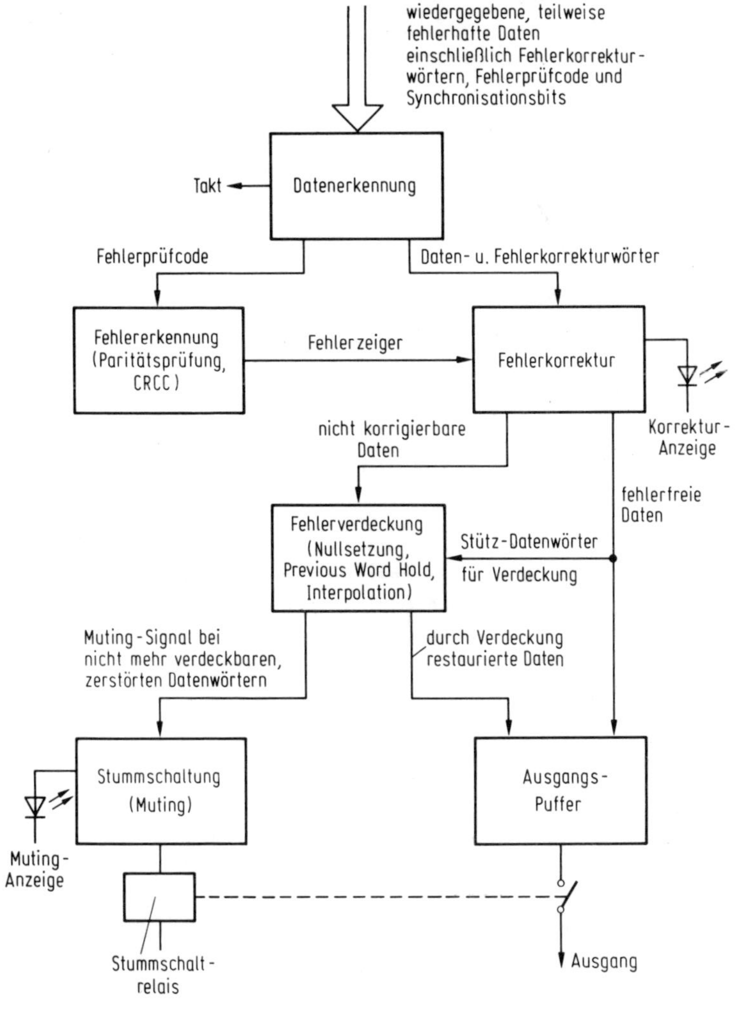

Abb. 2.9.4 Fehlerschutz-Strategien der digitalen Tonaufzeichnung

tragen; in der Praxis wird sich – je nach Programm – eine Grenzzone herausbilden [14].

Alle Maßnahmen zur Fehlererkennung, Fehlerkorrektur und Fehlerverdeckung bilden miteinander den Fehlerschutz. *Abb. 2.9.4* zeigt schematisch die Fehlerschutzeinrichtungen in digitalen Aufnahme- und Wiedergabe-

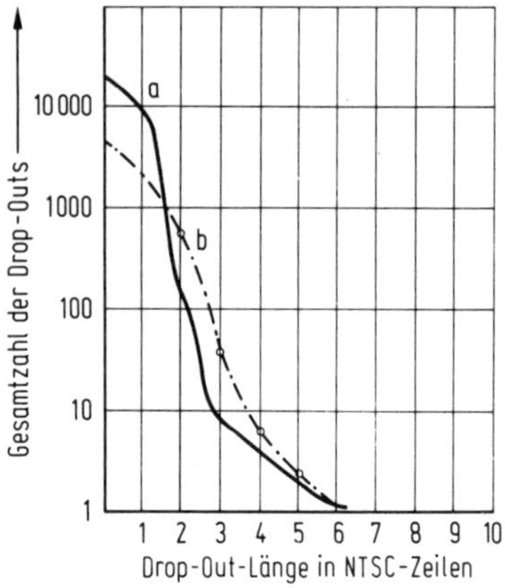

Abb. 2.9.5 Drop-Out-Verteilung, gemessen in NTSC-Zeilen (63,5 μs). a = U-matic-Bänder, Meßzeit 6x60min; b = VHS-Bänder, Meßzeit 33min

geräten. Ohne Fehlerschutz ist eine auch nur geringsten Ansprüchen genügende Wiedergabe nicht möglich! Dies gilt sowohl für jede Art von Magnetbandaufzeichnung als auch für digitale Massentonträger wie Compact Disc, Mini Disc und AHD.

Abb. 2.9.5 zeigt die Ergebnisse einer Drop-Out-Messung an sechs Videobändern (a), die verschiedenen Produktionschargen entnommen wurden [15]. Die Meßzeit jedes Bandes betrug 60 Minuten. Als Bewertungsmaßstab dient eine NTSC-Zeile mit einer Dauer von 63,5 μs, wobei ein Pegeleinbruch über 20 dB als Drop-Out bewertet wird. Ein Abstand unter einem Sechstel der Videozeile zwischen zwei Drop-Outs wird als durchgehender Drop-Out bewertet. Eine ähnliche Messung an VHS-Bändern mit 33 min Meßzeit ergibt die Kurve b in Abb. 2.9.5 [16].

99,9% aller Drop-Outs treten demnach innerhalb dreier Zeilen auf; aber auch ein Pegeleinbruch je Stunde ist ohne Fehlerkorrektur für eine störungsfreie Signalwiedergabe nicht zulässig. Berücksichtigt man noch die Streuung der Drop-Out-Werte um den Faktor 10 innerhalb verschiedener Chargen, dann wird deutlich, daß die Praxistauglichkeit der digitalen Tonaufnahme mit dem Aufwand für den Fehlerschutz steht und fällt.

Die Anwendung von Teil-Strategien wie Fehlerkorrektur und Fehlerverdeckung ist keineswegs selbstverständlich; so besaß z.B. der PCM-Adapter für Heim-Videorecorder PCM-1 von Sony nur Interpolationsschaltungen. Eine von der Decca entwickelte Aufnahmeapparatur dagegen ließ ausschließlich die Korrektur falscher Datenworte und keinerlei Verdeckung zu, um das reproduzierte Signal in seiner Qualität zu erhalten.

Mag eine solche Einschränkung des Fehlerschutzes noch dort seine Berechtigung haben, wo Masterbänder in kommerziellem Rahmen dupliziert werden, da hierdurch eine Fehlerfortpflanzung bzw. statistische Häufung nicht originalgetreu rekonstruierter Abtastworte unterbunden wird, so hat sie sich doch wegen der unangenehmen Folgen, die ein Signalausfall aufgrund der Überschreitung der Korrekturkapazität haben kann (Rundfunksendungen, Herstellung von Mastermatrizen), bei Aufnahmegeräten aus industrieller Fertigung nicht durchsetzen können.

Digitale Schallplattensysteme können ebenfalls nicht auf Fehlerverdeckungsschaltungen verzichten, weil sich erst hierdurch die Ausbeute d.h. der Prozentsatz an Pressungen mit einwandfreier Wiedergabequalität in wirtschaftlich sinnvolle Größenordnungen bringen lassen dürfte.

2.10 Codespreizung (Interleaving)

Die Wahrscheinlichkeit, einen Fehler korrigieren zu können wächst, wenn die Datenwörter nicht in der Reihenfolge der Entstehung auf dem Band aufgezeichnet, sondern durch einen räumlichen (und zeitlichen) Abstand voneinander getrennt werden. Durch dieses als Codespreizung oder Inter-

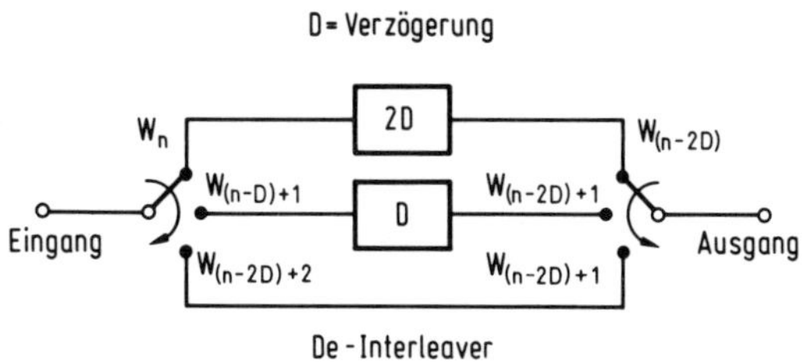

Abb. 2.10.1 Die Codespreizung wird durch Zwischenspeichern der Datenwörter erzeugt, wobei die Verzögerungszeit D von der Interleave-Block-Länge abhängt. Im De-Interleaver erfolgt der komplementäre Prozess

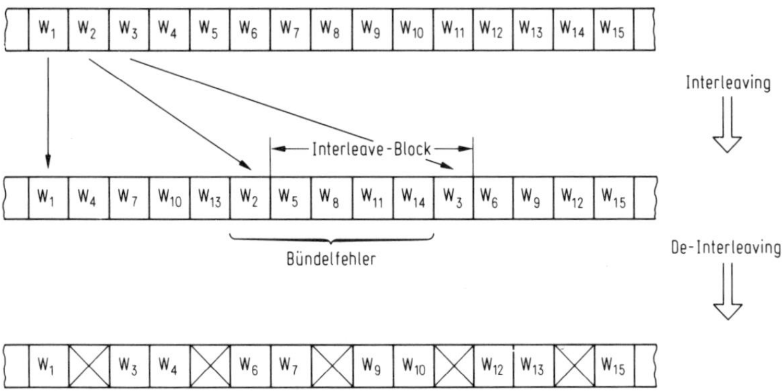

Abb. 2.10.2 Durch die Codespreizung (Interleaving) werden aufeinanderfolgende Datenwörter räumlich und zeitlich getrennt, so daß Bündelfehler nach dem De-Interleaving als Pseudo-Zufallsfehler erscheinen. Die Länge des Interleaving-Blocks bestimmt die Speicherkapazität im Interleaver und De-Interleaver

leaving bezeichnete Verfahren werden Bündelfehler auf dem Band in Pseudo-Zufallsfehler verwandelt. Neben der Fehlerkorrektur wird auch die Fehlerverdeckung erleichtert, da nach dem De-Interleaving das zerstörte Datenwort mit größerer Wahrscheinlichkeit von korrekten Wörtern umgeben sein wird.

Die Codespreizung erfolgt bei der Aufnahme durch Schieberegister, deren Anzahl dem gewünschten Spreizungs-Abstand zweier Datenwörter entspricht, oder durch RAMs *(Abb. 2.10.1)*. Interleaver und De-Interleaver haben komplementäre Funktionen. Das Prinzip der Codespreizung zeigt *Abb. 2.10.2.* Die vom Burst zerstörten Datenwörter werden beim De-Interleaving so verteilt, daß sie von korrekten Wörtern eingerahmt sind.

Bei praktischer Anwendung in Aufzeichnungsgeräten ist zu bedenken, daß mit der Interleaving-Distanz der Bedarf an Speicherkapazität steigt, da alle Datenwörter innerhalb eines Interleaving-Blocks zwischengespeichert werden müssen, ferner sind der Blockgröße durch andere Faktoren Grenzen gesetzt. Dennoch vereinfacht die Codespreizung die Strategien für die Fehlerkorrektur erheblich, so daß alle industriell gefertigten Geräte heute diese Methode einsetzen, sofern die Daten nicht von vornherein auf mehrere, räumlich voneinander entfernte Spuren verteilt werden.

2.11 Fehlerprüfcodes

Bevor man ein mit einem Bitfehler behaftetes Datenwort korrigieren kann, muß es durch einen Erkennungsvorgang aus dem Datenstrom selektiert werden. Dazu versieht man den zweckmäßigerweise in Abschnitte (Blöcke) unterteilten Datenfluß bei der Aufnahme mit Zusatzbits. Eine Fehlerprüfung der wiedergegebenen Daten ermöglicht die Lokalisierung des fehlerhaften Datenblocks durch einen Fehlerzeiger (Error Pointer).

Einfache Paritätsprüfung

Die einfachste Methode zur Fehlerprüfung besteht im Anfügen eines Zusatzbits an jedes Datenwort, so daß das Gewicht, d.h. daß die Anzahl der im Datenwort mit „1" belegten Stellen immer auf eine gerade oder auch ungerade Zahlen ergänzt werden. Man spricht dann von gerader oder ungerader Parität.

Die *Abb. 2.11.1a* und *2.11.1b* zeigen Beispiele für ein aus vier Bits zusammengesetztes Datenwort mit einem Prüfbit.

Nach *Abb. 2.11.2* läßt sich die Paritätsprüfung allgemein darstellen. Der Zusammenhang zwischen Daten- und Prüfbits ist in der Schaltalgebra als EXOR-(Exklusiv-Oder-)Verknüpfung bzw. Antivalenz zweier Variabler bekannt. Bei einem EXOR-Gatter nimmt die Ausgangsfunktion Y den Wert

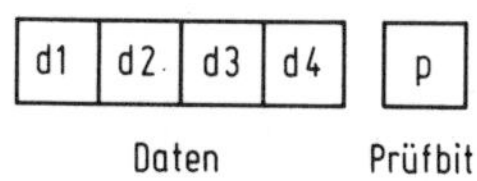

Abb. 2.11.2 Das Datenwort mit den Bits d1 ... d4 wird durch das angehängte Prüfbit p ergänzt

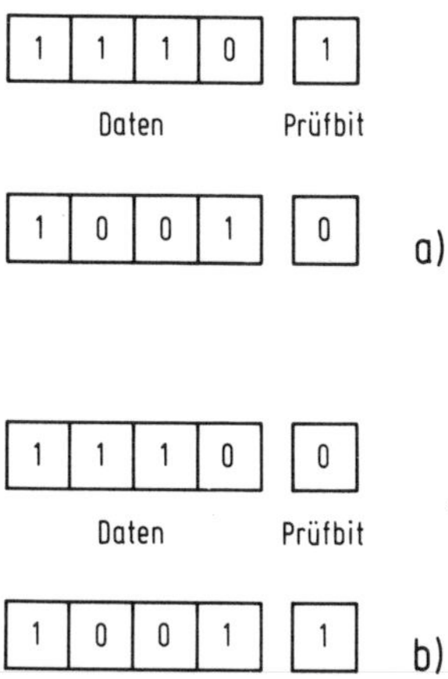

Abb. 2.11.1 Beispiele für 4-Bit-Datenwörter mit Prüfbit. a = gerade Parität; b = ungerade Parität

A	B	Y
0	0	0
1	0	1
0	1	1
1	1	0

a)

Abb. 2.11.3 Funktionstabelle für ein EXOR-Gatter (a); Schaltzeichen nach DIN 40700 (b) und USA-Norm (c)

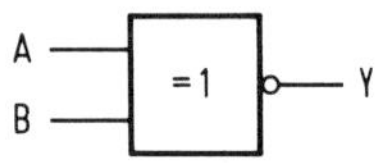

b)

c)

„1" an, wenn entweder eine Eingangsvariable oder eine andere, aber nicht mehrere zugleich „1" werden. *Abb. 2.11.3b* zeigt das Schaltzeichen für ein solches Gatter nach der deutschen Norm (DIN-407000), *Abb. 2.11.3c* nach USA-Normdarstellung und *Abb. 2.11.3a* die Funktionstabelle.

Die EXOR-Verknüpfung wird auch als Modulo-2-(mod2-)Addition bezeichnet; bei ihr ist kein Übertrag zu berücksichtigen. Diese Art der algebraischen Behandlung von Datenbits kommt im Rahmen der Fehlerkorrekturmethoden bei der digitalen Tonaufzeichnung sehr oft vor; der exakte schaltalgebraische Ausdruck

$$Y = (A + B) \cdot \overline{A \cdot B}$$

soll deshalb hier, wie in der einschlägigen Literatur üblich, durch die Form

$$Y = A \oplus B$$

ersetzt werden.

Damit läßt sich die Paritätsprüfung schreiben

$$p = d1 \oplus d2 \oplus d3 \oplus d4 \oplus a$$

Für gerade Parität ist a = 0; für ungerade Parität ist a = 1.

Treffen nun die durch Paritätsbits ergänzten Datenblöcke ein, so ist bereits bekannt, daß die Summe der „1“-Bits immer gerade (oder ungerade) sein muß. Ist das nicht der Fall, so enthält das entsprechende Datenwort einen Bitfehler.

Diese recht simple Methode hat zwei offensichtliche Nachteile: Selbst wenn das Vorhandensein eines fehlerhaften Wortes signalisiert wurde, so gibt es doch keine Möglichkeit festzustellen, welches Bit verfälscht ist; sind ferner zufällig zwei Bits im Datenwort falsch, dann können sich die Fehler so kompensieren, daß die Paritätsprüfung trotzdem stimmt. Um daher die Wahrscheinlichkeit für die Entdeckung eines Fehlers zu erhöhen, könnte man statt eines einzigen Paritätsbits auch mehrere an ein Datenwort anfügen.

Erweiterte Paritätsprüfung

Faßt man mehrere Datenwörter zu Datenblöcken zusammen, dann lassen sich die Paritätsbits ebenfalls zu einem Paritätsblock zusammenstellen und an eine Anzahl von Blöcken anhängen *(Abb. 2.11.4)*. Hier im Beispiel werden die Blöcke 1 . . . m – 1 zu je n Datenbits ergänzt durch den Block m, der aus Paritätsbits besteht. Er errechnet sich aus der mod2-Addition der Datenbits nach dem Schema

$$p1 = d1,1 \oplus d2,1 \oplus \ldots dm\text{-}1,1$$
$$p2 = d1,2 \oplus d2,2 \oplus \ldots dm\text{-}1,2$$

bis schließlich das letzte Paritätsbit

$$pn = d1,n \oplus d2,n \oplus \ldots dm\text{-}1,n$$

entstanden ist.

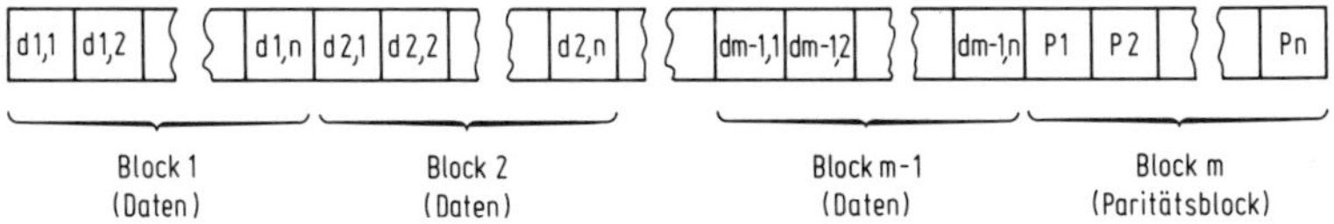

Abb. 2.11.4 Erweiterte Paritätsprüfung

Aus der Codetheorie, auf die an dieser Stelle nicht näher eingegangen werden soll, läßt sich für den Fehlerschutz durch Paritätsbits ableiten, daß für eine ausreichend hohe Anzahl von Prüfbits n die Wahrscheinlichkeit, einen Fehler nicht zu detektieren, den Wert $1/2^n$ annimmt. Allerdings vergrößert jede Art von Parität den Datenstrom und erhöht somit die Redundanz; ferner erfordern komplizierte Signalverknüpfungen einen Mehraufwand an Schaltungskomponenten. Wichtig ist daher ein guter Kompromiß zwischen der Größe des Bitflusses und dem Hardware-Aufwand in Codier- und Decodier-Einrichtungen.

Zyklische Redundanzprüfung

Fehlerprüfcodes auf der Basis zyklischer Codes werden seit etwa 1974 überall dort eingesetzt, wo digitale Daten in serieller Form vorliegen, dazu gehören Floppy Disks, Datenspeicher in Kassettenform und Datenkommunikationssysteme. Der Aufwand an Schaltelementen ließ eine praktische Anwendung allerdings erst zu, seit es möglich ist, viele Halbleiterfunktionen auf einem Chip zu integrieren.

Der zyklische Redundanz-Prüfcode, engl. Cyclic Redundancy Check Code (CRCC) beruht auf der Überlegung, daß man einen Datenstrom, der aus n Bits besteht, auch als Polynom, d.h. als ganz rationale Funktion der Variablen x mit n Gliedern ausdrücken kann, bei dem die einzelnen Bitwertigkeiten die Koeffizienten der Potenzen von x bilden. Wenn z.B. 100100011011 die Bitfolge darstellt, kann sie als

$$\begin{aligned} M(x) = {} & 1 \cdot x^{11} + 0 \cdot x^{10} + 0 \cdot x^9 + 1 \cdot x^8 + 0 \cdot x^7 + 0 \cdot x^6 + \\ & 0 \cdot x^5 + 1 \cdot x^4 + 1 \cdot x^3 + 0 \cdot x^2 + 1 \cdot x^1 + 1 \cdot x^0 \end{aligned}$$

geschrieben werden. Läßt man alle Glieder mit dem Koeffizienten 0 fort, da jede Multiplikation mit 0 wieder 0 ergibt, so entsteht der Ausdruck

$$M(x) = x^{11} + x^8 + x^4 + x^3 + x + 1$$

Zur Errechnung des zyklischen Prüfwortes wird nun ein Generator-Polynom P(x) eingeführt, dessen Grad r (höchster Exponent) größer ist als 0, jedoch geringer als der Grad von M(x). Eine Bedingung ist, daß der Koeffizient des Gliedes x^0 nicht 0 sein darf. Offensichtlich lassen sich für eine bestimmte Datenwortlänge eine ganze Anzahl von Generator-Polynomen finden, die den genannten Bedingungen genügen. Es gibt bereits einige standardisierte Polynome, die sich in der EDV sowie durch internationale Organisationen wie CCITT (Comite Consultatif International Télégraphique et Teléphonique), in Fernmeldesystemen und Datennetzen durchgesetzt haben, dazu gehören CRC-CCITT, CRC-12 und CRC-16.

Im CRCC-Codierer werden M(x) und P(x) durcheinander dividiert

$$M(x) / P(x) = Q(x) + R(x)$$

dabei ist Q(x) der Quotient und R(x) der Rest; praktisch geschieht die Division durch EXOR-Verknüpfung. Setzt man nun das eigentlich zu übertragende Polynom T(x) zusammen aus

$$T(x) = M(x) + R(x)$$

dürfte einzusehen sein, daß sich T(x) stets durch P(x) teilen lassen muß.

Im Polynom T(x) ist die Nutzinformation enthalten. Wenn auf der Empfängerseite bzw. bei der Wiedergabe vom Magnetband ein Fehler F(x) auftritt, so erhält man die Information V(x) anstelle von T(x).

$$V(x) = T(x) + F(x).$$

In der CRC-Decoderschaltung wird V(x) wiederum durch P(x) dividiert; ist der Rest dann 0, kann man annehmen, daß kein Übertragungsfehler vorlag. Im anderen Fall ergibt sich aus dem Vorhandensein eines Restes, daß das empfangene Datenwort verfälscht ist. Das Prinzip der CRC-Codierung zeigt *Abb. 2.11.5.*

In einem praktischen Beispiel läßt sich der Berechnungsvorgang verdeutlichen:

Das Datenwort habe die Form

$$M(x) = x^9 + x^5 + x^2 + 1$$

und das Generator-Polynom sei

$$P(x) = x^5 + x^4 + x^2 + 1$$

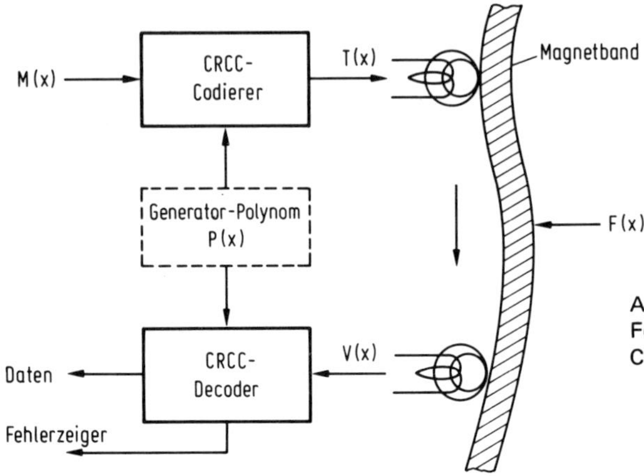

Abb. 2.11.5 Prinzip der Fehlerprüfung durch CRC-Code

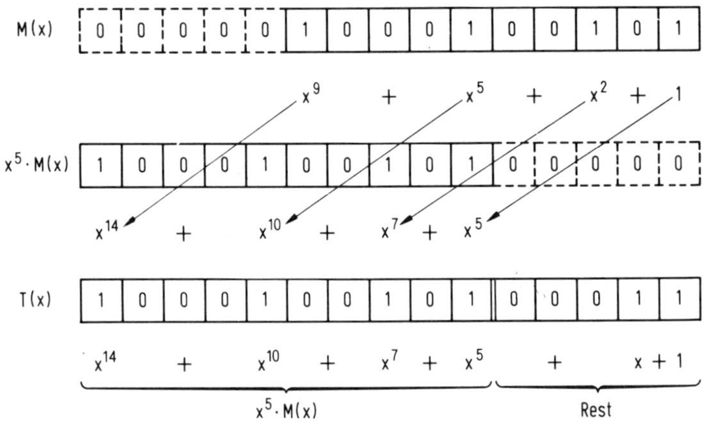

Abb. 2.11.6 Berechnung des Übertragungspolynoms T(x). Bei der Multiplikation mit x^5 bleibt das ursprüngliche Bitmuster des Datenwortes M(x) unverändert, da nur eine Verschiebung um fünf Stellen nach links erfolgt. Die fünf niederwertigen Stellen werden mit Nullen aufgefüllt

Bevor die Division durch P(x) vorgenommen wird, multipliziert man zweckmäßigerweise M(x) mit x^5, dem Grad von P(x); dies entspricht einer Verschiebung von M(x) um fünf Stellen nach links *(Abb. 2.11.6)*.

$$x^5 \cdot M(x) = x^{14} + x^{10} + x^7 + x^5$$

Die Division ergibt:

$$x^5 \cdot M(x) / P(x) = \underbrace{(x^9 + x^8 + x^7 + x^3 + x^2 + x + 1)}_{\text{Quotient}} + \underbrace{(x + 1)}_{\text{Rest}}$$

Der Rest enthält so viele Bitstellen, wie der Grad von P(x) angibt, nur er ist für die Fehlersicherung bei der Übertragung wichtig; der Quotient wird weggelassen.

Man kann auch die Division der Polynome tatsächlich als EXOR-Verknüpfung der Datenworte durchführen:

$$x^5 \cdot M(x) = x^{14} + x^{10} + x^7 + x^5 = 100010010100000$$
$$P(x) = x^5 + x^4 + x^2 + 1 = 110101$$

Die Rechenregeln sind sehr einfach: es werden die MSB (links) von Zähler und Nenner untereinander gestellt und die fehlenden Stellen vom Zähler geborgt. Der Nenner wird jedes Mal vom Zähler nach EXOR-Vorschrift abgezogen. Sind alle Bits des Zählers verbraucht, bleibt schließlich der Rest.

```
x^5 · M(x) / P(x) = 100010010100000 : 110101 = 1110001111 Rest 11
                    110101
                    ------
                     101110
                     110101
                     ------
                      110111
                      110101
                      ------
                          100100
                          110101
                          ------
                           100010
                           110101
                           ------
                            101110
                            110101
                            ------
                             110110
                             110101
                             ------
                                 11
```

Der Rest 11 entspricht dem Rest-Polynom x + 1
Die übertragene Bitfolge hat nun die Form

$$T(x) = x^5 \cdot M(x) + (x + 1)$$
$$= x^{14} + x^{10} + x^7 + x^5 + x + 1$$

Theoretisch ist es möglich, daß die empfangene Bitfolge V(x) gerade so verfälscht wurde, daß eine Division durch P(x) trotzdem keinen Rest ergibt. Man wählt daher entsprechend dem vorgesehenen Nachrichtenkanal ein Generatorpolynom aus, das eine extrem niedrige Wahrscheinlichkeit des Vorhandenseins teilbarer Fehlerwörter hat.

Den algebraischen Operationen in der Behandlung der Polynome entspricht in der Schaltungstechnik der Einsatz von Gattern und Schieberegistern, d.h. von Elementen, die sich gut zur Implementierung als integrierte Schaltung eignen. Eine komplette CRCC-Schaltung in einem 14poligen DIP-Gehäuse ist das IC 9401 von Fairchild. Es besteht aus einem 16-Bit-Register, einem Nur-Lese-Speicher (ROM) und einigen peripheren Steuerschaltungen. Die Blockschaltung zeigt *Abb. 2.11.7.*

Durch Anlegen von H-, bzw. L-Signalen an die Eingänge $S_0 \ldots S_2$ können am IC acht verschiedene Standard-Polynome ausgewählt werden, darunter das in den Prozessoren PCM-1600 und PCM-1610 von Sony ver-

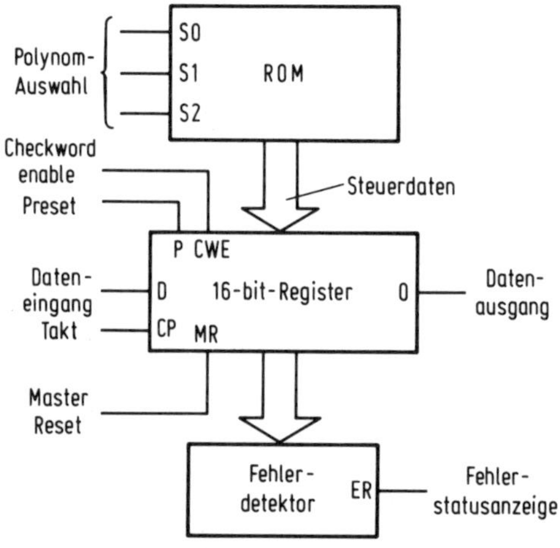

Abb. 2.11.7 Das IC 9401 von Fairchild enthält eine komplette CRCC-Codier- bzw. Decoderschaltung. Mit den Eingängen lassen sich acht verschiedene Polynome auswählen

wendete Generatorpolynom nach CRC-CCITT mit der Form $x^{16} + x^{12} + x^5 + 1$.

Das ausgewählte Polynom wird im ROM decodiert und steuert die Verschiebung der Daten im Register über die EXOR-Gatter an den Eingängen. Zur Erzeugung der Prüfbits gelangen die einzelnen Bits des Datenstromes an den Eingang D; die Übernahme erfolgt bei jedem 1/0-Übergang am Takt-Eingang (CLOCK).

Auch bei der Wiedergabe gelangen Daten und Prüfbits über den Eingang D in das Register. Der Ausgang ERROR wird – nach Durchlaufen des kompletten Datenwortes – im Falle eines Übertragungsfehlers ‚1' und gibt dann eine Status-Meldung an die nachfolgenden Fehlerkorrektureinrichtungen weiter. Aufgrund der relativ leichten Integrierbarkeit der CRCC-Rechenschaltungen sind diese inzwischen auch in größintegrierten Schaltungen (VLSI), z.B. in PCM-Prozessoren nach EIA-J-Standard zu finden.

2.12 Die Fehlerkorrektur

Anders als die Fehlerverdeckung, die nur als unterstützende Maßnahme angesehen werden kann, läßt sich durch die Fehlerkorrektur eine fehlerhafte Bitfolge wieder völlig rekonstruieren. Die Datenbits müssen dazu bei der Aufzeichnung mit Zusatzinformationen ergänzt werden, die man von den Daten selbst ableitet. Diese „redundanten" Bits (Redundanz = Weitschweifigkeit) erhöhen den Datenstrom; die Grundforderung bei der Entwicklung von Fehlerkorrekturcodes ist daher, mit einem Minimum an Redundanz ein Maximum an Korrekturfähigkeit zu erreichen.

Frühe Prototypen digitaler Recorder arbeiteten mit Doppelaufzeichnung (Redundanz 100%). Ein Vergleich beider Datenbitfolgen oder der Fehlerprüfung mittels CRCC erlaubte den Austausch eines verfälschten Datenwortes mit dem richtigen. Gegenwärtig gebräuchliche Codes kommen mit weit geringerer Redundanz (50% und weniger) aus; sie entstehen fast ausschließlich auf der Basis komplexer algebraischer Strukturen, deren Abhandlung den Rahmen dieses Buches sprengen würde.

Die Natur der bei der Bandaufzeichnung vorkommenden Fehler beeinflußt auch den Typ des Korrekturcodes. Werden viele aufeinanderfolgende Datenbits z.B. durch Drop-Outs zerstört, handelt es sich um Bündelfehler

(Burst Errors), während Fehler, die einzelne oder wenige Bits verfälschen, als Zufallsfehler (Random Errors) bezeichnet werden.

Die folgende Aufstellung kann als Richtlinie zur Unterscheidung von Bündel- und Zufallsfehler dienen, da eine gültige Festlegung noch fehlt.

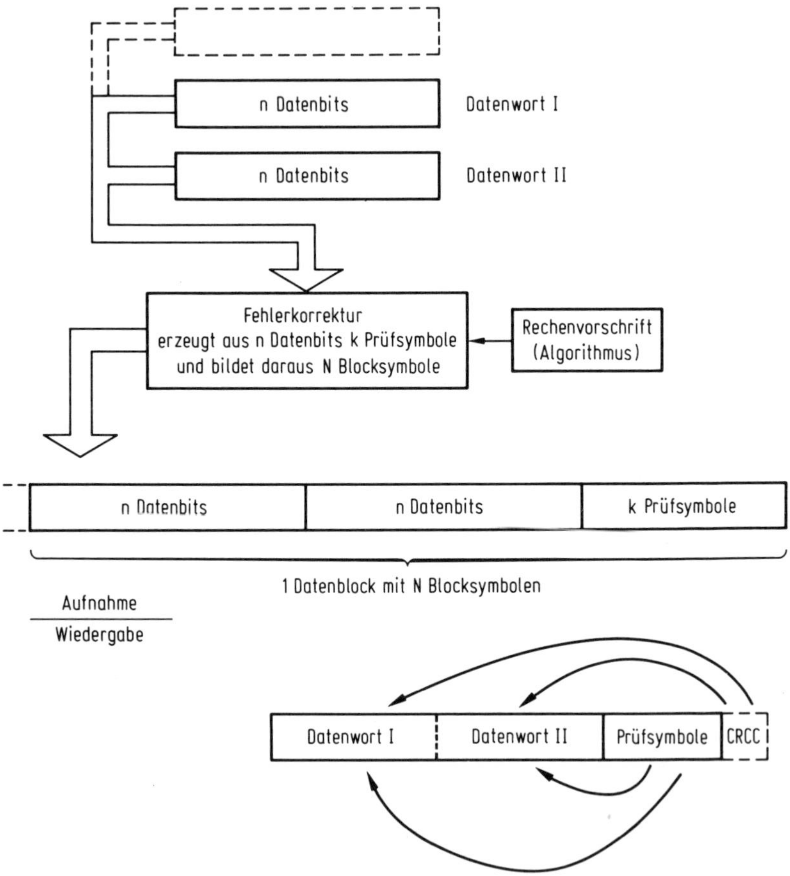

Abb. 2.12.1 Die blockweise Organisation des Fehlerkorrekturcodes erlaubt bei der Wiedergabe die Restauration fehlerhafter Daten innerhalb des zugehörigen Blocks; dabei werden aus einer definierten Anzahl von Datenwörtern zu je n Datenbits und einer Anzahl K daraus abgeleiteter Prüfungssymbole neue Datenblöcke mit N Blocksymbolen gebildet

Anzahl der Bit-Defekte	Fehlerart
1 ... 4	Zufallsfehler
5 ... 500	Geringe Bündelfehler
500 ... 5000	Längere Bündelfehler

Fehlerkorrekturcodes lassen sich auf zwei Arten organisieren:

1. Block-Codes
Datenbits und Korrekturbits sind in definierte, aufeinander bezogene Datenabschnitte (Blöcke) unterteilt *(Abb. 2.12.1)*. Dieses Codierverfahren geht hauptsächlich auf R.W. Hamming zurück [17].

2. Faltungscodes (Convolutional Codes)
Signal- und Fehlerkorrekturdaten sind miteinander in einem kontinuierlichen Strom vermischt *(Abb. 2.12.2)*.

Die auf einen bestimmten Zeitabschnitt bezogenen Redundanz-Bits sind nicht ausschließlich von den Nutzdaten dieses Zeitanschnittes abgeleitet, sondern werden auch von (theoretisch allen) vorangegangenen Daten beeinflußt.

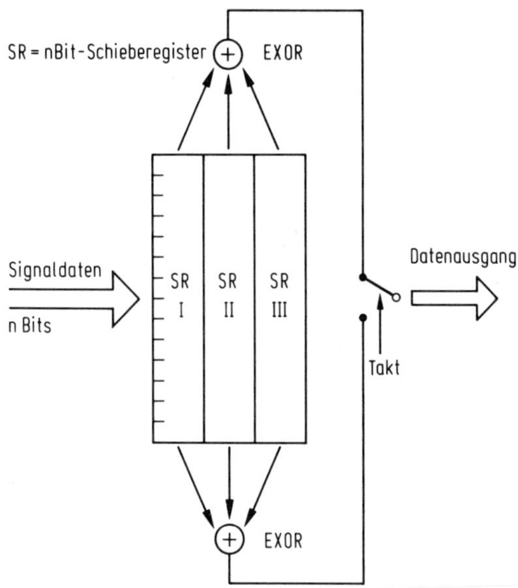

Abb. 2.12.2 Bei der Fehlerkorrektur durch einen Faltungscode werden die Paritätsbits mit den Datenbits zu einem fortlaufenden Strom vermischt. Die Anzahl der Schieberegisterstufen bestimmt die Constraint Length (im Beispiel ist L_C = 3Bit)

Beide Codes haben Vor- und Nachteile in bezug auf den Schutz vor Bündel-, bzw. Zufallsfehlern.

Fehlerkorrektur durch Kreuzparitäts-Prüfung

Durch Anordnung eines Datenwortes (oder einer beliebig andersartig unterteilten Bitfolge) in Matrixform lassen sich die Paritätsbits ebenfalls als Reihe oder Zeile an die Daten anfügen. *Abb. 2.12.3* zeigt ein Beispiel für 12 Datenbits, die eine 3x4-Matrix bilden. Diese wird um eine Zeile, bzw. eine Spalte mit den auf gerade Parität ergänzenden Bits erweitert und ein Abschlußbit hinzugesetzt; Spalten- und Reihenparität der Prüfbits sind ebenfalls gerade.

2.12.3a

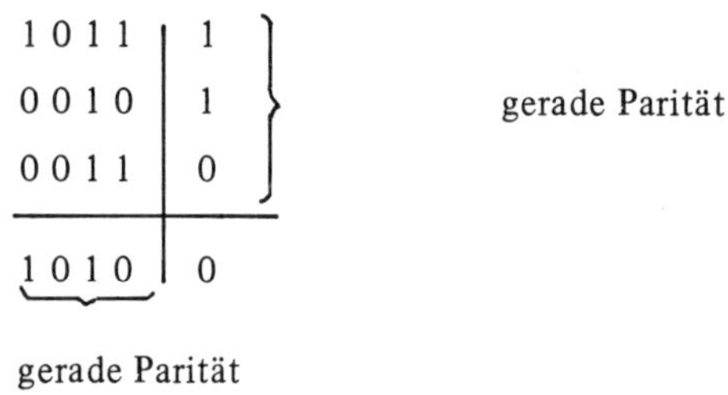

2.12.3b

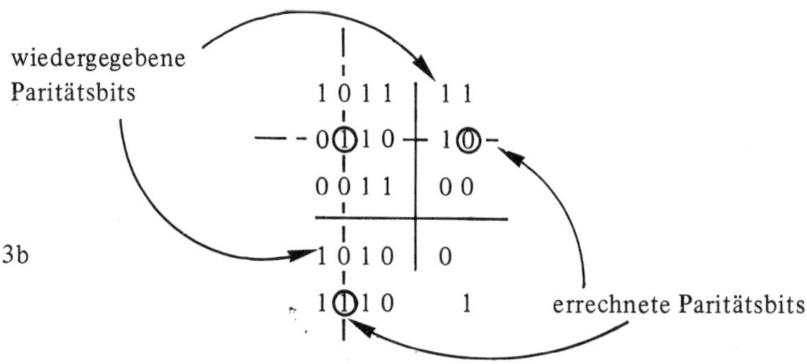

Abb. 2.12.3 Fehlerkorrektur ist durch Aufzeichnung der Längs- und Querparität möglich. Am Kreuzpunkt der bei der Decodierung falsch erkannten Zeile bzw. Spalte befindet sich das fehlerhafte Bit; a = aufzuzeichnende Bitfolge, b = wiedergegebene Bitfolge. Zur Verringerung der Redundanz und zum Schutz gegen Bündelfehler werden in der Praxis Kombinationen aus vollständigen Datenwörtern anstelle von einzelnen Bits gebildet

Bei serieller Übertragung dieser Bit-Anordnung, d.h. Reihe für Reihe oder Spalte für Spalte, ergibt im Falle eines Bitfehlers die Prüfung der Spalten-, bzw. Reihenparität den Fehlerort am Kreuzungspunkt; er kann somit durch Komplementierung $0 \rightarrow 1$ bzw. $1 \rightarrow 0$ beseitigt werden.

Von den 20 Bits im Beispiel (Abb. 2.12.3) enthält das eigentliche Datenwort 12 Bits; die Redundanz beträgt also 8/12 = 66,7%. Durch geschicktere Zusammenfassung der Codewörter ist die Korrektur von einzelnen Bitfchlern mit geringer Redundanz möglich, allerdings wird dann die Codestruktur durch Bildung von Hilfswörtern aus den Datenwörtern komplizierter, ferner steigt der Aufwand an Logikschaltungen bei Codierung und Decodierung.

Erasure-Methode

Bei der Fehlerkorrektur mittels Erasure (Auslöschung) werden statt einfacher Redundanzbildung durch Paritätsbits umfangreichere Zusatz-Kombinationen benötigt. Die Korrekturmethode läßt sich am Beispiel eines Kassenzettels zeigen, *(Abb. 2.12.4)*, auf dem mit W_1, W_2, W_3 und W_4 verschiedene gekaufte Artikel bezeichnet sind. Die Summe aller Einzelposten ist T; d.h. $T = W_1 + W_2 + W_3 + W_4$. Die Rechnung läßt sich eindeutig durch ein Prüfwort (Syndrom) S prüfen, das dem Prüfenden natürlich bekannt sein muß:

$$S = W_1 + W_2 + W_3 + W_4 - T = 0$$

Vermutlich fehlerhafte Einzelpreise oder die fehlerhafte Summe sind mit einem Strich markiert; sie lassen sich auch als Summe aus dem Originalpreis und einem Fehlbetrag F_1, F_2, F_3, F_4 und F_5 darstellen. Im Beispiel ist der Preis W_2' falsch ($F_2 \neq 0$; $F_1 = F_3 = F_4 = F_5 = 0$), er kann mit Hilfe des Syndroms S errechnet werden.

Vorausgesetzt, es läßt sich die Zeile finden, die den fehlerhaften Betrag enthält und es kommt nur ein einziger Fehlbetrag vor, so ist dieser somit korrigierbar. In praktischen Fehlerkorrekturschaltungen dient der CRC-Code als Fehlerzeiger, wobei die Teilerreste im Falle eines Fehlers zur Fehlerkorrektur mit erweiterten Decodern dienen können. Ferner wird anstelle der arithmetrischen Summe ein aus der EXOR-Verknüpfung gewonnenes Paritätswort verwendet.

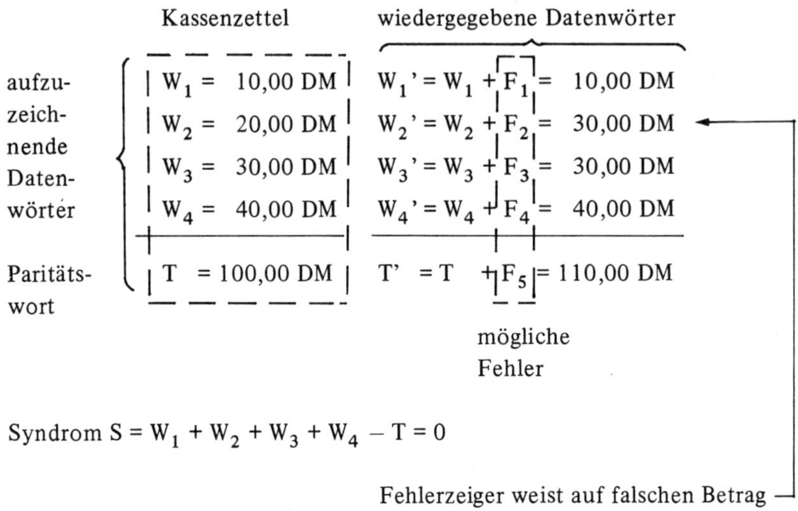

$$S = W_1' + W_2' + W_3' + W_4' - T' = F_2 = 10$$

$$F_1 = F_3 = F_4 = F_5 = 0$$

$$W_2 = W_2' - F_2 = \boxed{W_2' - S} = 20$$

Erasure

Abb. 2.12.4 Beispiel für die Fehlerkorrektur durch Erasure

Crossword-Code

Der Crossword-Code hat seinen Namen von der Taktik, wie man ein Kreuzworträtsel löst; nämlich durch Einsetzen von Lösungswörtern in waagerechter und senkrechter Anordnung. In diesem Falle bestehen die Lösungswörter aus Syndromen und weiteren, aus den Datenblöcken gebildeten Paritätswörtern (Survey Words), die während des Decodiervorgangs benötigt werden.

Da anstelle von einzelnen Bits, wie bei der Kreuzparität beschrieben, ganze Datenwörter zusammengefaßt sind, lassen sich in der Praxis längere Bündelfehler gut korrigieren. Der Code wird in den PCM-Prozessoren PCM-

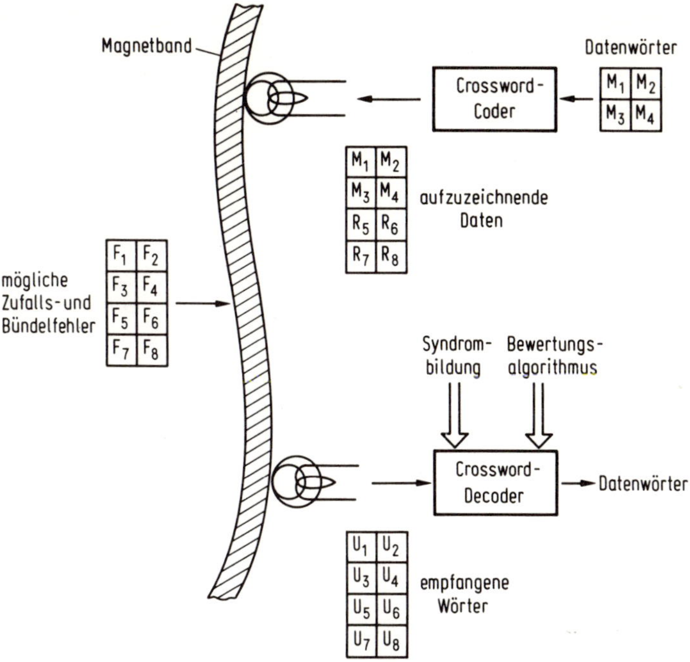

Abb. 2.12.5 Der Crossword-Code verwendet ebenfalls Paritätswörter, die aus EXOR-Verknüpfung der zeilen- und spaltenweise angeordneten Datenwörtern entstehen. Die möglicherweise durch die Fehler $F_1 \ldots F_8$ verfälschten, unsicheren Daten $U_1 \ldots U_8$ werden mittels Syndrombildung und Rückrechnung decodiert, wobei ein Bewertungsalgorithmus die Korrektur der mit der höchsten Wahrscheinlichkeit auftretenden Fehler erlaubt und bei errechneter Überschreitung der Korrekturkapazität die Fehler durch Interpolation verdeckt. Die Gesamt-Korrekturfähigkeit des Crossword-Codes ist somit höher, als die Redundanz erwarten läßt

1600 und PCM-1610 von Sony eingesetzt; als Aufzeichnungsträger dienen U-matic-Recorder. Die Codier-, bzw. Decodier-Strategie zeigt *Abb. 2.12.5* an einem vereinfachten Beispiel mit vier 8-Bit-Datenworten ($M_1 \ldots M_4$). Durch EXOR-Verknüpfung entstehen vier weitere Paritätswörter $R_5 \ldots R_8$:

$$R_5 = M_1 \oplus M_2$$
$$R_6 = M_3 \oplus M_4$$
$$R_7 = M_1 \oplus M_3$$
$$R_8 = M_2 \oplus M_4$$

Alle acht Wörter $M_1 \ldots R_8$ werden aufgezeichnet und als $U_1 \ldots U_8$ empfangen. Im Decoder erfolgt die Bildung von vier Syndromen:

$$S_1 = U_1 \oplus U_2 \oplus U_5$$
$$S_2 = U_3 \oplus U_4 \oplus U_6$$
$$S_3 = U_1 \oplus U_3 \oplus U_7$$
$$S_4 = U_2 \oplus U_4 \oplus U_8$$

Für den Fall, daß alle empfangenen Wörter $U_1 \ldots U_8$ fehlerfrei sind, haben die Syndrome $S_1 \ldots S_4$ den Wert Null.

Nimmt man einen Fehler F in einem oder mehreren Wörtern U_i an, dann läßt sich dieser als „Fehlbetrag" des gesendeten Wortes M bzw. R darstellen:

$$U_i = M_i \oplus F_i \qquad \text{mit } i = 1 \ldots 4$$
$$U_i = R_i \oplus F_i \qquad \text{mit } i = 5 \ldots 8 \qquad (1)$$

$(i = 1 \ldots n)$

Da

$$S_i = U_1 \oplus U_2 \oplus U_5$$
$$= M_1 \oplus F_1 \oplus M_2 \oplus F_2 \oplus R_5 \oplus F_5$$

entsteht mit

$$M_1 \oplus M_2 \oplus R_5 = 0$$
$$S_1 = F_1 \oplus F_2 \oplus F_5 \qquad (2)$$

und in ähnlicher Weise

$$S_2 = F_3 \oplus F_4 \oplus F_6$$
$$S_3 = F_1 \oplus F_3 \oplus F_7$$
$$S_4 = F_2 \oplus F_4 \oplus F_8$$

Im Beispiel waren $F_1 = 00110100$ und
$R_i = 00000000$ mit $i = 2 \ldots 8$ (3)

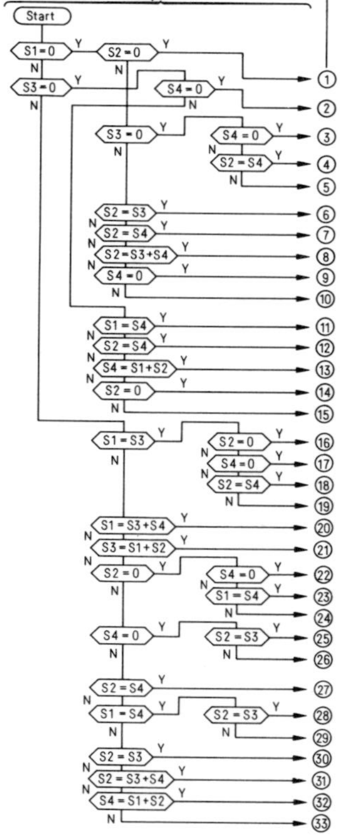

laufende Nr.	empfangene Wörter U1	U2	U3	U4	Anzahl der Bitfehler 0	1	2	3	4	5	6	7	8	Aufgrund der Wortfehlerrate p berechnete Wahrscheinlichkeit eines Fehlers	Resultat des Entscheidungsprozesses (K = Korrektur)
1	0	0	0	0	1	2	1							$(1-p)^8 + 2p(1-p)^7 + p^2(1-p)^6$	keine Korrektur nötig
2	0	0	0	0		1	1							$p(1-p)^7 + p^2(1-p)^6$	keine Korrektur nötig
3	0	0	0	0		1								$p(1-p)^7$	keine Korrektur nötig
4	0	0	0	1		1								$p(1-p)^7$	K
5	0	0	0	x			3	1						$3p^2(1-p)^6 + p^3(1-p)^5$	Verdeckung
6	0	0	1	0		1	1							$p(1-p)^7 + p^2(1-p)^6$	K
7	0	0	0	1			1							$p^2(1-p)^6$	K
8	0	0	2	2			1							$p^2(1-p)^6$	K
9	0	0	x	0			3	1						$3p^2(1-p)^6 + p^3(1-p)^5$	Verdeckung
10	0	0	x	x				8	5	1				$8p^3(1-p)^5 + 5p^4(1-p)^4 + p^5(1-p)^3$	Muting
11	0	1	0	0		1	1							$p(1-p)^7 + p^2(1-p)^6$	K
12	0	0	0	1			1							$p^2(1-p)^6$	K
13	0	1	0	1			1							$p^2(1-p)^6$	K
14	0	x	0	0			3	1						$3p^2(1-p)^6 + p^3(1-p)^5$	Verdeckung
15	0	x	0	x				8	5	1				$8p^3(1-p)^5 + 5p^4(1-p)^4 + p^5(1-p)^3$	Muting
16	1	0	0	0		1	1							$p(1-p)^7 + p^2(1-p)^6$	K
17	1	0	0	0			1							$p^2(1-p)^6$	K
18	1	0	0	1			1							$p^2(1-p)^6$	K
19	1	0	0	x				3	1					$3p^3(1-p)^5 + p^4(1-p)^4$	Verdeckung
20	2	2	0	0			1	1						$p^2(1-p)^6 + p^3(1-p)^5$	K
21	1	0	1	0			1	1						$p^2(1-p)^6 + p^3(1-p)^5$	K
22	x	0	0	0			3	1						$3p^2(1-p)^6 + p^3(1-p)^5$	Verdeckung
23	0	1	0	0			1							$p^2(1-p)^6$	K
24	x	x	0	0				8	5	1				$8p^3(1-p)^5 + 5p^4(1-p)^4 + p^5(1-p)^3$	Muting
25	0	0	1	0			1							$p^2(1-p)^6$	K
26	x	0	x	0				8	5	1				$8p^3(1-p)^5 + 5p^4(1-p)^4 + p^5(1-p)^3$	Muting
27	x	0	0	1				3	1					$3p^3(1-p)^5 + p^4(1-p)^4$	Verdeckung
28	0	1	1	0			1							$p^2(1-p)^6$	K
29	0	1	x	0				3	1					$3p^3(1-p)^5 + p^4(1-p)^4$	Verdeckung
30	0	x	1	0				3	1					$3p^3(1-p)^5 + p^4(1-p)^4$	Verdeckung
31	0	0	2	2				1						$p^3(1-p)^5$	K
32	0	1	0	1				1						$p^3(1-p)^5$	K
33	x	x	x	x				4	46	52	28	8	1	$4p^3(1-p)^5 + 46p^4(1-p)^4 + 52p^5(1-p)^3 + 28p^6(1-p)^2 + 8p^7(1-p) + p^8$	Muting

Art der Signalbehandlung (U1–U4):
0 = Korrektur nicht nötig
1 = Korrektur mit S1, S2
2 = Korrektur mit S3, S4

x = Verdeckung
xx in einer Zeile = Muting

Anzahl der fehlerhaften Wörter (Spalten 0–8)

Abb. 2.12.6 Decodieralgorithmus für Crossword-Code

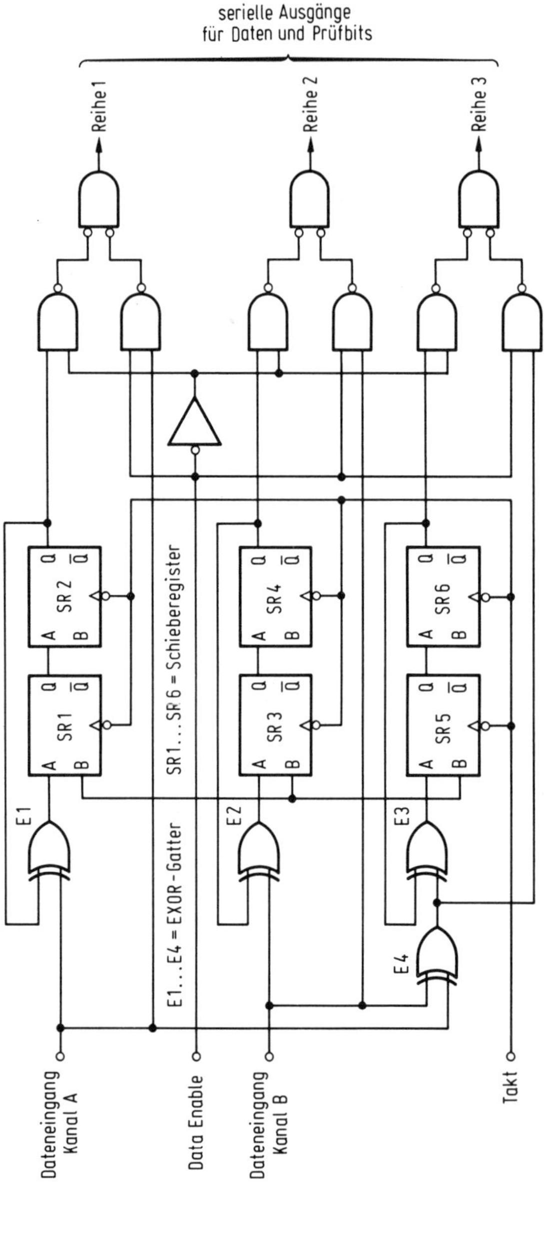

Abb. 2.12.7 Teilschaltung eines Crossword-Codierers

Eine Schaltung, die die folgenden Berechnungen ausführt, kann M_1 restaurieren:

$$M_1 = U_1 \oplus S_1 \quad \text{bzw.} \qquad (4)$$
$$M_1 = U_1 \oplus S_3 = M_1 \oplus F_1 \oplus F_1$$

Die Bestimmung eines fehlerhaften Datenwortes funktioniert allerdings nur dann eindeutig, wenn die Annahme gilt, daß sich nicht mehrere auftretende Fehler gerade kompensieren und damit das gleiche Syndrom-Bitmuster ergeben.

Der Crossword-Code macht von der Tatsache Gebrauch, daß nicht jeder auftretende Codefehler die gleiche Wahrscheinlichkeit besitzt wie ein anderer, d.h. ein 1-Bit-Fehler in einem Datenwort hat eine andere Wahrscheinlichkeit als ein 1-Bit-Fehler, der gleichzeitig in zwei benachbarten Wörtern vorkommt.

Im praktischen Decodierprozeß wird – beim Erkennen eines Fehlers – die Kombination von Syndromen untersucht und über die Wahrscheinlichkeit einer erfolgreichen Korrektur entschieden. Ist die Antwort „Ja", wird die Korrektur durchgeführt; im anderen Fall erfolgt die Verdeckung des Fehlers durch Interpolation. Die Entscheidungshilfe wird von Wahrscheinlichkeitsrechnungen geliefert, deren Rechenvorschriften sich in einem PROM speichern lassen.

Abb. 2.12.6 zeigt den Decodier-Algorithmus für das besprochene Beispiel. Korrektur bzw. Verdeckung werden aufgrund von 32 Schritten nach Prüfung der Syndrome $S_1 \ldots S_4$ entschieden, wobei die Ja/Nein-Entscheidung die Verzweigung bestimmt; $U_1 \ldots U_4$ sind die empfangenen Wörter. Die rechte Spalte gibt die Wahrscheinlichkeit eines Wortfehlers P an.

Der im PCM-1600-System benutzte Crossword-Code beruht auf der Bildung von Datenblöcken, die einen größeren Umfang aufweisen als die im Beispiel beschriebenen. Einen Schaltungsausschnitt aus einem Crossword-Codierer zeigt *Abb. 2.12.7* [15].

Der b-Adjacent-Code

In den IBM-Mitteilungen vom Juli 1970 veröffentlichte D.C. Bossen seine theoretischen Überlegungen zu einem Fehlerkorrekturcode, der Computerspeicher gegen Datenverluste schützen soll. Da die übliche RAM-Organisa-

Paritätswörter $\begin{cases} T_1 = W_1 + W_2 + W_3 + W_4 \\ T_2 = W_1 + 2W_2 + 3W_3 + 4W_4 \end{cases}$

Syndrome $\begin{cases} S_1 = W_1' + W_2' + W_3' + W_4' - T_1' \\ S_2 = W_1' + 2W_2' + 3W_3' + 4W_4' - T_2' \end{cases}$

Für den fehlerfreien Fall sind $S_1 = S_2 = 0$

Der Index i eines fehlerhaften Wortes W_i' läßt sich bestimmen aus:

$i \cdot S_1 = S_2$

und

$W_i = W_i' - S_1$

Bestimmt man die Indices i bzw. j der fehlerhaften Wörter W_i bzw. W_j durch einen Fehlerzeiger, so sind beide Wörter korrigierbar

$S_1 = F_i + F_j$

$S_2 = iF_i + jF_j$

$$F_j = \frac{S_2 - iS_1}{j - i}$$

$F_i = S_1 - F_j$

$W_i = W_i' - F_i \,;\, W_j = W_j' - F_j$

Abb. 2.12.8 Der b-Adjacent-Code gestattet die Korrektur eines fehlerhaften Wortes ohne Fehlerzeiger, und die Korrektur von zwei Wörtern, wenn ein Zeiger verwendet wird

tion für eine Einschubkarte aus n Kilobits, multipliziert mit einer Anzahl b Bits besteht, würde ein Codefehler z.B. durch Ausfall der Adressierung mit sehr großer Wahrscheinlichkeit immer b Bits verfälschen. Bossen nannte die Korrekturstrategie b-Adjacent-Code, da dieser Häufungen (Cluster) von b benachbarten (adjacent) Bits in einem Datenwort korrigieren kann.

Eine Variante des b-Adjacent-Codes wird in dem von der Electronics Industry Association of Japan (EIA-J) vorgeschlagenen Format für die digitale Tonaufzeichnung eingesetzt; mit Hilfe von zwei Paritätswörtern und eines Fehlerzeigers (CRCC) lassen sich hier zwei fehlerhafte Wörter in einem Block von sechs Wörtern korrigieren. Bei einigen Herstellern ist auch die Bezeichnung Interleaved-Matrix-Code üblich.

Der Korrekturvorgang läßt sich mit Hilfe des gleichen Kassenzettels in Abb. 2.12.4 veranschaulichen. Es werden jedoch zwei Paritätswörter T_1 und T_2 sowie zwei Syndrome S_1 und S_2 gebildet *(Abb. 2.12.8)*. Für den Fall, daß $2S_1 = S_2$ wird, kann man daraus schließen, daß W_2' einen Fehler enthält; dieser läßt sich durch Einsetzen von S_2 korrigieren. In Abb. 2.12.8 ist der allgemeine Fall für ein beliebiges Wort W_i (i = laufender Index) dargestellt.

Wie bereits gesagt, ist zur Detektion zweier Fehler ein Fehlerzeiger (z.B. CRCC) notwendig. Die Indices der Fehlbeträge F_i und F_j sind daher bekannt und F_i und F_j lassen sich durch die Gleichungen

$$S_1 = F_i + F_j$$

$$S_2 = iF_i + jF_j$$

bestimmen.

Die Signalaufzeichnung nach EIA-J erfolgt durch Frequenzmodulation des NRZ-Zweierkomplement-Codes; die daraus entstandenen Pseudo-Videosignale lassen sich in Datenblöcke zu je sechs Datenwörtern (6 x 14 = 84 Bits), zwei Paritätswörtern (2 x 14 = 28 Bits) und einem CRC-Prüfwort (16 Bits), insgesamt also zu 9 Wörtern (128 Bits) in einer Fernsehzeile (64 μs im NTSC-Format) unterbringen *(Abb. 2.12.9)*. Das gleiche Format gilt auch für die PAL- bzw. SECAM-Fernsehnorm.

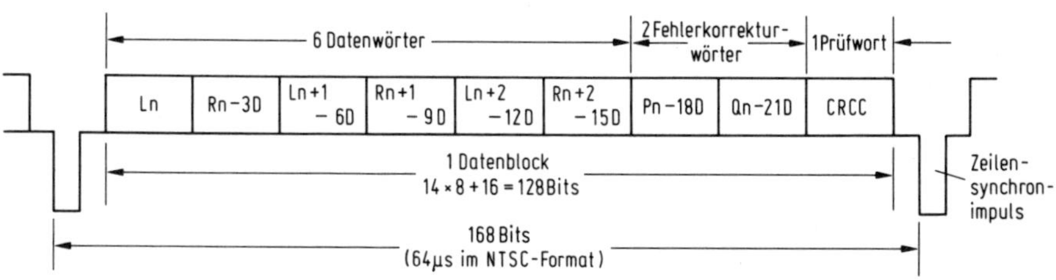

Abb. 2.12.9 Halbbildzeile mit Digitaldaten nach EIA-J-Format

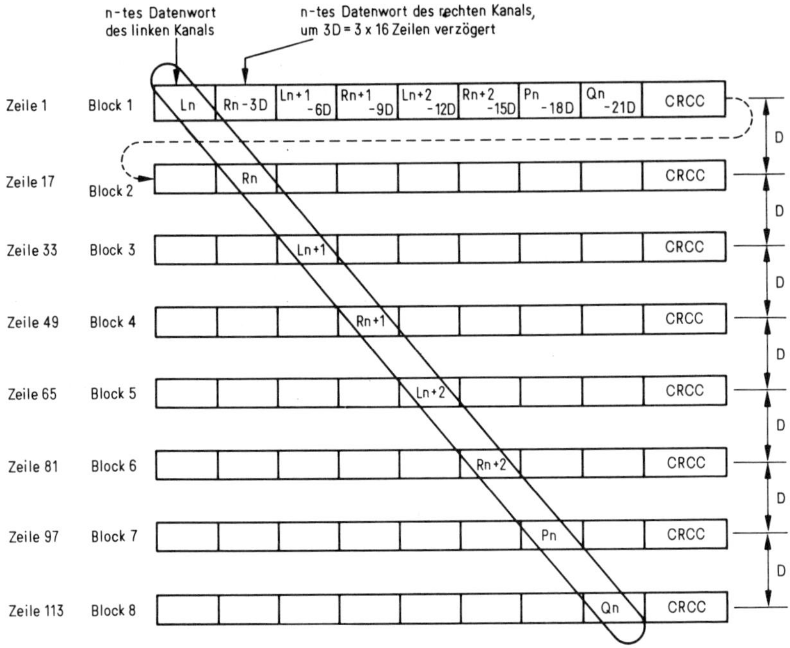

Abb. 2.12.10 Interleaving beim EIA-J-Format. Aufeinanderfolgende Datenwörter sind um den Interleavingabstand D = 16 Halbbildzeilen voneinander entfernt. Nach 8 Blöcken = 112 Zeilen ist das originale Datenwort mit zugehöriger Redundanz P und Q vollständig

Aufgrund von Untersuchungen der Drop-Out-Charakteristik bei der Schrägspuraufzeichnung mit Heim-Videorecordern muß man mit Bündelfehlern von mehr als 10 Zeilen (10 H) rechnen; man führte daher eine Interleaving-Sequenz D von 16 H ein, wobei 1 H = 1 Datenblock ist und 245 H „netto" ein (NTSC-)Halbbild ergeben *(Abb. 2.12.10)*. Das CRCC-Wort bezieht sich dabei auf den Datenblock, an dessen Ende es angeordnet ist *(Abb. 2.12.11)*.

Die Eigenschaften des b-Adjacent-Codes im EIA-J-Format lassen sich im folgenden zusammenfassen:

1. Große Korrekturkapazität, besonders für typische Bündelfehler bei der Schrägspuraufzeichnung.

2. Mehrere Decoder-Strategien ermöglichen die Anpassung an unterschiedliche Erfordernisse.

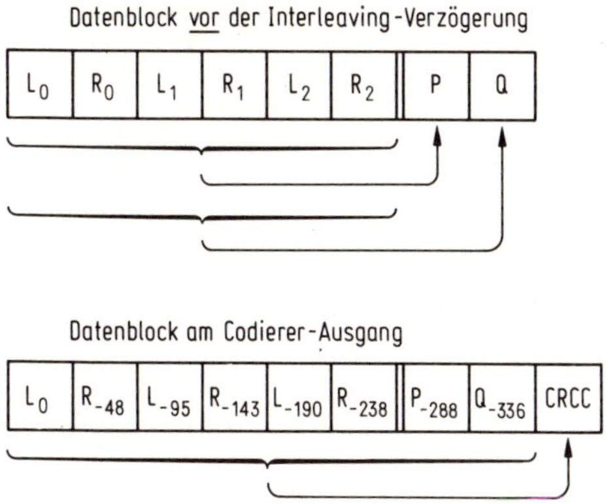

Abb. 2.12.11 Während die Paritätswörter P und Q sich nach dem Interleaving in anderen Zeilen als die zugehörigen Datenwörter befinden, wird der CRC-Code von der tatsächlich am Codierausgang nach der Interleaving-Verzögerung vorhandenen Datenfolge abgeleitet

3. Der durchschnittliche Coder- bzw. Decoder-Aufwand erlaubt den Einsatz in Consumer-Geräten.

Die Prinzipschaltung des Codierers zeigt *Abb. 2.12.12;* der Aufbau besteht aus einem b-Adjacent-Codierer, dem CRCC-Codierer und Zwischenspeichern für die Interleaving-Verzögerung (D = 16 H). Die Paritätswörter P und Q werden durch EXOR-Verknüpfung gebildet:

$$
\begin{aligned}
P &= W_1 \oplus W_2 \oplus W_3 \oplus W_4 \oplus W_5 \oplus W_6 \\
&= L_n \oplus R_n \oplus L_{n+1} \oplus R_{n+1} \oplus L_{n+2} \oplus R_{n+2} \\
Q &= T^6 W_1 \oplus T^5 W_2 \oplus T^4 W_3 \oplus T^3 W_4 \oplus T^2 W_5 \oplus T W_6 \\
&= T^6 L_n \oplus T^5 R_n \oplus T^4 L_{n+1} \oplus T^3 R_{n+1} \oplus T^2 L_{n+2} \oplus T R_{n+2}
\end{aligned}
$$

T ist in diesem Fall kein ganzzahliger Multiplikator, sondern eine sogenannte Generatormatrix aus 14 Zeilen und 14 Spalten *(Abb. 2.12.13).*

Die Codierung besteht ebenfalls aus EXOR-Bildung, Multiplikation von T mit W und Verzögerung. Die Matrix T ist die zugeordnete Matrix des Polynoms

$$x^{14} + x^8 + 1.$$

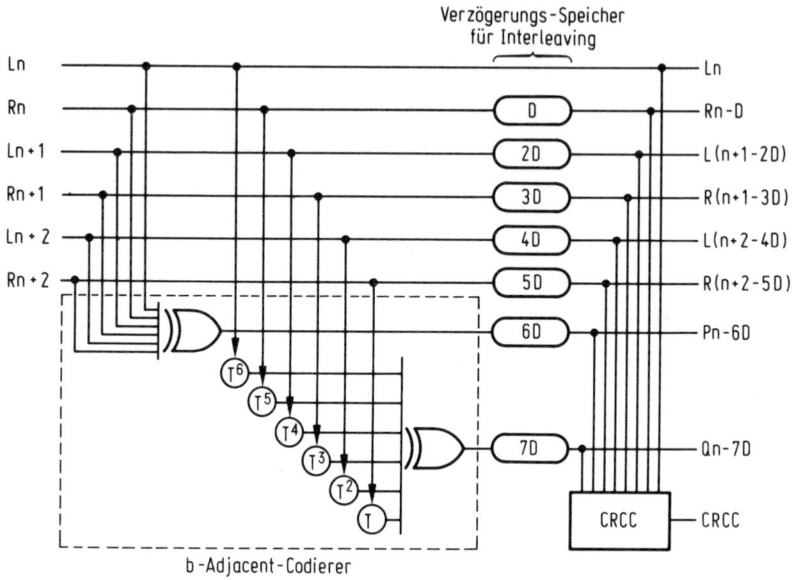

Abb. 2.12.12 Prinzip der b-Adjacent-Codierung. Während das P-Paritätswort durch einfache mod2-Addition gebildet wird, entsteht das Q-Wort mit Hilfe einer Multiplikator-Matrix. Das Ziel der mathematischen Operationen ist die Erzeugung zweier voneinander möglichst nicht linear abhängiger Paritätswörter, obwohl diese aus den gleichen Datenwörtern entstehen

$$T = \begin{pmatrix}
0&0&0&0&0&0&0&0&0&0&0&0&0&1\\
1&0&0&0&0&0&0&0&0&0&0&0&0&0\\
0&1&0&0&0&0&0&0&0&0&0&0&0&0\\
0&0&1&0&0&0&0&0&0&0&0&0&0&0\\
0&0&0&1&0&0&0&0&0&0&0&0&0&0\\
0&0&0&0&1&0&0&0&0&0&0&0&0&0\\
0&0&0&0&0&1&0&0&0&0&0&0&0&0\\
0&0&0&0&0&0&1&0&0&0&0&0&0&0\\
0&0&0&0&0&0&0&1&0&0&0&0&0&1\\
0&0&0&0&0&0&0&0&1&0&0&0&0&0\\
0&0&0&0&0&0&0&0&0&1&0&0&0&0\\
0&0&0&0&0&0&0&0&0&0&1&0&0&0\\
0&0&0&0&0&0&0&0&0&0&0&1&0&0\\
0&0&0&0&0&0&0&0&0&0&0&0&1&0
\end{pmatrix}$$

Abb. 2.12.13 Die Q-Parität wird aus Multiplikation der Datenwörter mit der Generator-Matrix T und EXOR-Verknüpfung gebildet

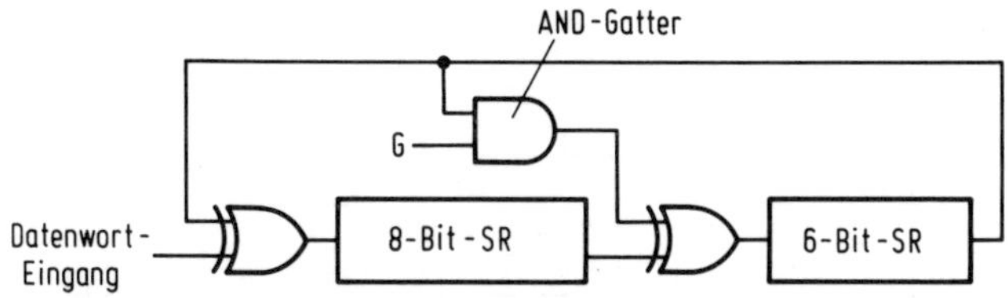

Abb. 2.12.14 Die Multiplikation läßt sich mit Hilfe eines 8-Bit- und eines 6-Bit-Schieberegister durchführen

Die Multiplikation mit der Matrix erfolgt, wie *Abb. 2.12.14* zeigt, in einem linearen Schieberegister SR, wobei G das Gate-Öffnungssignal ist. Zunächst wird das gesamte 14-Bit-Wort in das aus 6 und 8 Bitzellen bestehende Register geschoben, während das AND-Gatter geöffnet ist. Nach dem Schließen des Gatters schiebt SR um ein Bit, so daß das Resultat $T \cdot W_1$ danach im Register steht.

Mit dem Datenwort W_2 wird die gleiche Operation mehrfach ausgeführt:

erster Schritt	$W_2 \oplus T\,W_1$
zweiter Schritt	$T\,(W_2 \oplus T\,W_1) = T\,W_2 \oplus T^2\,W_1$

Nach sechsfacher Wiederholung steht Q im Register. Als Verzögerung D . . . 7D des Codierers werden RAMs eingesetzt, die bei Kombi-Schaltungen in Aufnahme- und Wiedergabezweig nur einmal vorhanden sind. Die RAMs sind gewöhnlich größer dimensioniert, als für das Interleaving nötig, da sie auch zur Jitter-Kompensation dienen.

Wie bereits erwähnt, sind drei Decoder-Ausführungen möglich, die sich in Korrekturkapazität und Schaltungsaufwand unterscheiden.

1. Basis-Decoder

Die Fehlerkorrektur erfolgt durch ausschließliche Verwendung des P-Wortes nach der Erasure-Methode *(Abb. 2.12.15)*. Jeder Interleaving-Block wird vom CRCC-Decoder geprüft und der 1-Bit-Fehlerzeiger ebenso wie die Datenwörter nach der De-Interleaving-Verzögerung dem Einfach-Decoder zugeführt. Der Decoder errechnet dann das Syndrom

$$S_n = L'_n \oplus R'_n \oplus L'_{n+1} \oplus R'_{n+1} \oplus L'_{n+2} \oplus R'_{n+2} \oplus P'_n .$$

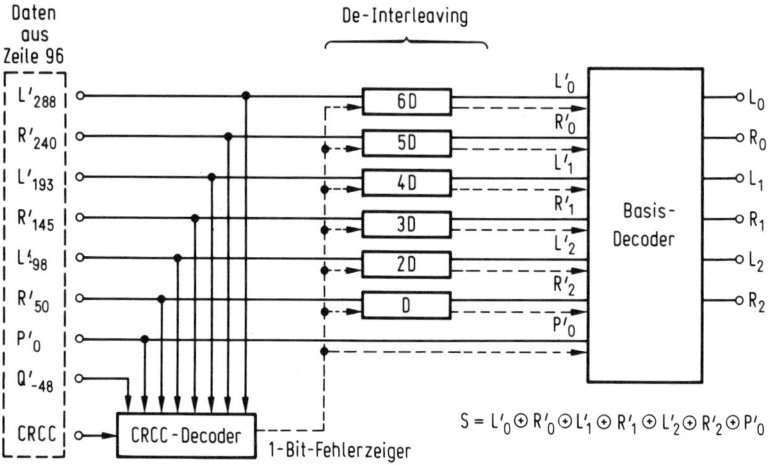

Abb. 2.12.15 Die Fehlerkorrektur im Basis-Decoder geschieht durch Bildung des Syndroms S_1, wobei der CRCC-Decoder einen 1-Bit-Fehlerzeiger liefert

Wenn $S_n = 0$ ist, oder keiner der Zeiger einen Fehler angibt, enthalten die Wörter $L'_n \ldots R'_{n+2}$ wahrscheinlich keinen Fehler. Ist $S_n \neq 0$ und der Zeiger eines Wortes signalisiert einen Fehler, wird das falsche Bitmuster mit S_n zusammenfallen; die Korrektur kann daher mit

$$L_n = L'_n \oplus S_n$$

erfolgen. Sie ist nur möglich, wenn ein einzelner Interleaving-Block einen Fehler enthält. Da jeder Datenblock vom anderen 16 Datenblöcke (2048 Bits) entfernt ist, läßt sich nur ein Bündelfehler innerhalb des Daten-Blockabstandes korrigieren, andernfalls erfolgt Verdeckung. Ein Bündelfehler, der kürzer ist als 64 Daten-Blöcke (8192 Bits) = 4 Interleaving-Blöcke, wird durch das Interleaving verteilt und kann korrigiert werden.

2. b-Adjacent-Decoder

Der Signalverlauf bei der b-Adjacent-Decodierung ähnelt dem des Basis-Decoders *(Abb. 2.12.16)*. Im Decoder entsteht mit Hilfe einer Generator-Matrix ähnlich der im Codierer, sowie mit Schieberegistern ein weiteres Syndrom S_{Tn}

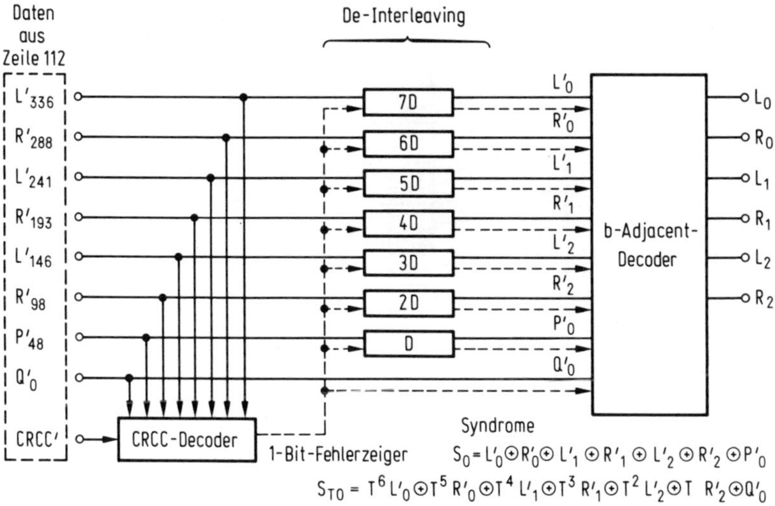

Abb. 2.12.16 Im b-Adjacent-Decoder entstehen die Syndrome S_o und S_{To}; sie ermöglichen zusammen mit dem Fehlerzeiger die Korrektur von zwei Datenwörtern

$$S_{Tn} = T^6 L'_n \oplus T^5 R'_n \oplus T^4 L'_{n+1} \oplus T^3 R'_{n+1} \oplus T^2 L'_{n+2} \oplus TR'_{n+2} \oplus Q_n.$$

Mit Hilfe des Fehlerzeigers werden maximal zwei verfälschte Datenwörter einschließlich ihrer Fehlergrößen erkannt, diese können durch einzeln errechnete Syndrome bestimmt werden. Die korrigierten Datenwörter entstehen schließlich durch Hilfsmatrizen, die in ROMs gespeichert sind, aus EXOR-Verknüpfung von falschem Datenwort und Fehlergröße.

Dieser erweiterte Decoder gestattet die Korrektur eines Bündelfehlers innerhalb von 32 Blöcken (4096 Bits).

3. Crossword-Decoder

Wenn ein Datenwort mit mehreren weitgehend voneinander unabhängigen Syndromen verknüpft ist, läßt sich durch Vergleich der Syndrome eine ähnliche Crossword-Decodierung vornehmen, wie bereits an anderer Stelle beschrieben. Beim b-Adjacent-Code bietet sich prinzipiell die Möglichkeit,

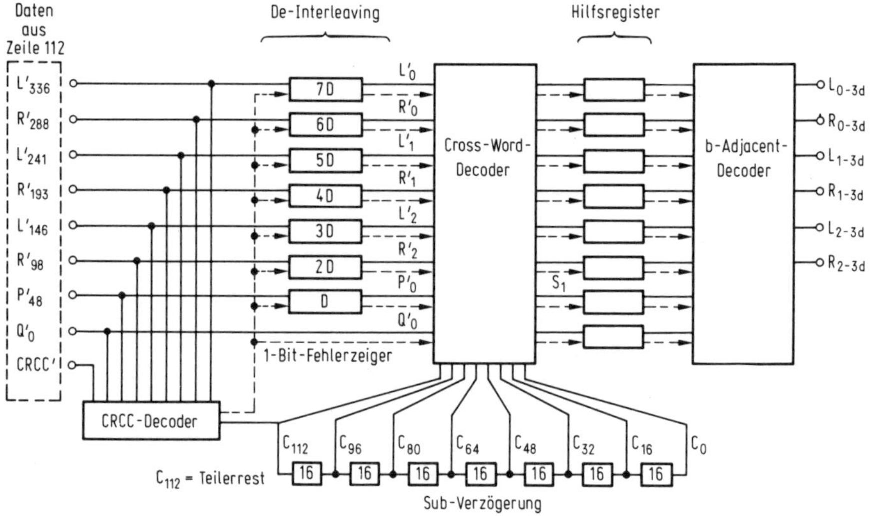

Abb. 2.12.17 Schema der Crossword-Decodierung.
Durch Ausnutzung der Teilerreste aus dem CRCC-Decoder und Bildung weiterer Hilfssyndrome läßt sich eine sehr weitgehende Fehlerkorrektur vornehmen. Allerdings steigen Hardwareumfang und der Bedarf an Speicher-Kapazität stark an

mit Hilfe der CRCC-Teilerreste weitere Hilfssyndrome C zu errechnen, so daß anstelle einer Verdeckung eine sehr weitgehende Fehlerkorrektur erfolgen kann. *Abb. 2.12.17* zeigt die Schaltung des Crossword-Decoders. Im Prinzip sind der Auswertung der Teilerreste durch nachgeschaltete Decoderstufen keine Grenzen gesetzt; allerdings steigt der zur Fehlerkorrektur nötige Zeitaufwand ebenso wie der Schaltungsaufwand in nicht mehr realisierbare Größenordnungen.

Eine Computer-Simulation der drei Decodier-Strategien des b-Adjacent-Codes zeigt *Abb. 2.12.18.* Es wurde hier eine Bitfehlerrate von 10^{-4} von der Korrektur angenommen. Der Bitfehler-Korrelationskoeffizient k gibt die Wahrscheinlichkeit an, mit der eine Korrektur erfolgen muß; je größer k ist, desto häufiger treten Bündelfehler auf; bei kleiner werdendem k überwiegen die Zufallsfehler. Die Y-Achse zeigt die Wahrscheinlichkeit eines nichtkorrigierten Fehlers in Fehlern je Stunde. Unter normalen Bedingungen und der in Consumer-Geräten üblichen b-Adjacent-Decoderschaltung ist demnach mit einem nichtkorrigierten Abtastmuster in 50 . . . 100 Stunden zu rechnen.

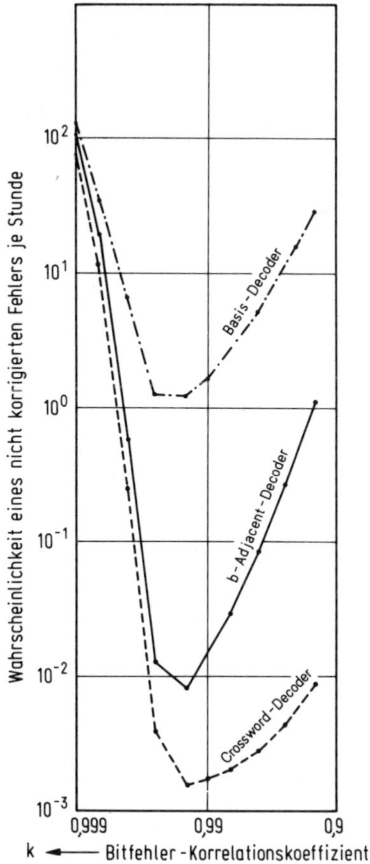

Abb. 2.12.18 Die drei Decodier-Strategien für den b-Adjacent-Code zeigen unterschiedliche Einflüsse auf die Restfehler-Wahrscheinlichkeit. Eine etwa normale Verteilung von Bündel- und Zufallsfehlern liegt bei K~0,99 vor

Cross-Interleave-Code

Interleaving und Paritätsprüfung sind die Basis des Cross-Interleave-Codes (CIC). Die Codiererschaltung zeigt *Abb. 2.12.19.* Wesentlich für die spätere Decodierung sind zwei verschiedene Verzögerungen d und D, sowie die Einbeziehung der P-Parität in die Q-Parität; beide Wörter entstehen durch EXOR-Verknüpfungen. Durch D wird die maximale, korrigierbare Bündelfehler-Länge festgelegt.

CIC-Fehlerkorrektur enthalten die Mehrkanalmaschinen mit Längsaufzeichnung nach dem Sony-Studer-MCI-Matsushita-Format. Die Datenfolge

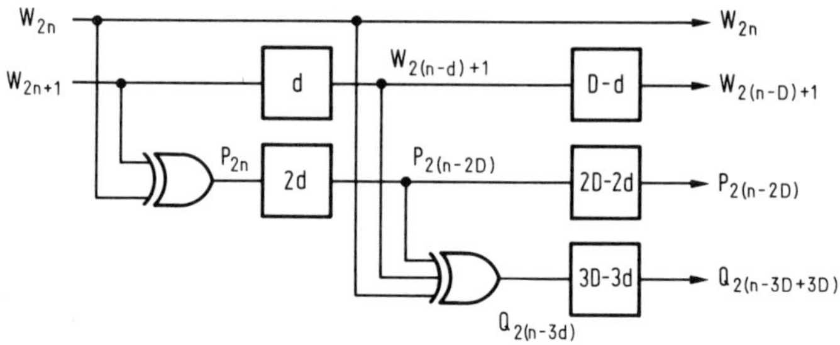

Abb. 2.19.19 Schema der CIC-Codierung. Die P-Parität ist mit in der Q-Parität enthalten. Die Dimensionierung der beiden Verzögerungen D und d richtet sich nach der Bündelfehlerschutzlänge

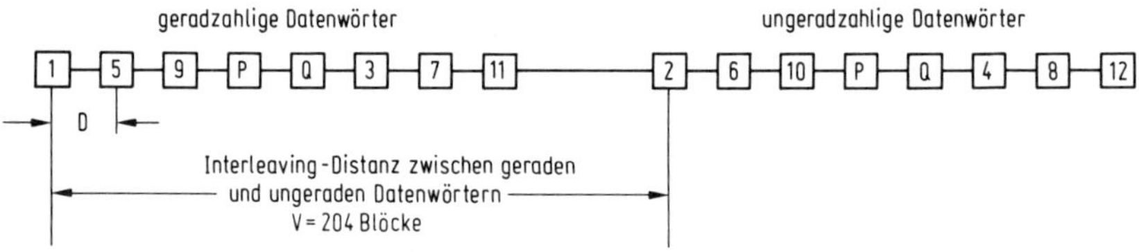

Abb. 2.12.20 Datenaufteilung nach dem Cross-Interleave-Code beim Sony-Studer-MCI-Matsushita-Format für Longitudinal-Recorder

wird hier zusätzlich in gerade und ungerade Wörter eingeteilt und beide Sequenzen werden unabhängig voneinander codiert. Ein Fehlerkorrekturblock besteht aus sechs Wörtern jeder Sequenz.

Das Aufzeichnungsformat für die High-Speed-Version, in der je Nf-Kanal nur eine Datenspur genutzt wird, zeigt *Abb. 2.12.20.* Die Sub-Verzögerung d beträgt hier zwei Blöcke; die Hauptverzögerung D ist 17 Blöcke lang. Gerade und ungerade Sequenzen sind zusätzlich um V = 204 Blöcke voneinander entfernt. D, d und V wurden computergestützt dimensioniert, um den praktischen Ansprüchen für den Schutz gegen Bündel- und Zufallsfehler, besonders jedoch der beim mechanischen Schnitt notwendig werdenden Fehlerkorrektur zu genügen.

RSC-Code

Eine Kombination aus Reed-Solomon-Code und CRC wird von Mitsubishi in den professionellen Zwei- bzw. Mehrkanalmaschinen mit Längsaufzeichnung eingesetzt. Wie *Abb. 2.12.21* zeigt, verteilen sich bei der 32-Kanal-

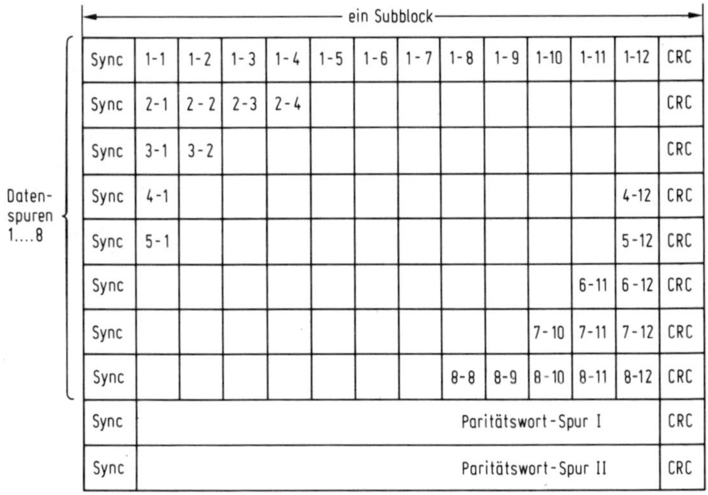

Abb. 2.12.21 Datenverteilung bei dem Zweikanal-Aufzeichnungsgerät MX-80 von Mitsubishi. Die Datenwörter werden in 4-Bit-Elemente unterteilt und bilden zusammen mit den 4-Bit-Elementen der Paritätsspuren ein 32-Bit-Codewort des Reed-Solomon-Codes

Version je acht NF-Kanäle auf acht Datenspuren sowie zwei Paritätswort-Spuren, wobei 16 Sub-Blöcke einen Hauptblock ergeben. Die Sub-Blöcke enthalten neben den Synchronisationsbits in jeder Spur ein 16-Bit-CRCC-Wort, abgeleitet von dem Polynom $G(x) = x^{16} + x^{12} + x^5 + 1$.

Der Reed-Solomon-Code verwendet ein Polynom, das der Gleichung $P(x) = x^4 + x + 1$ folgt. Die Paritätswörter entstehen durch mod2-Multiplikation bzw. -Addition von 4-Bit-Elementen aus den Datenwörtern der acht Datenspuren mit $P(x)$; die Rechenergebnisse für alle möglichen 4-Bit-Kombinationen (insgesamt 256 Additionen und 256 Multiplikationen) sind in ROMs abgespeichert.

Bei diesem sog. Semi-Separate-Verfahren werden je acht Datenspuren durch zwei Paritätsspuren ergänzt; eine 32-Kanalmaschine hat somit insgesamt 40 Spuren (ohne Hilfsspuren). Die Codespreizung wird hier teilweise durch die Verteilung der Datenwörter in unterschiedlichen Spuren ersetzt, zusätzlich ist ein Interleaving innerhalb der Hauptblock-Aufteilung vorhanden.

Auch in der Zweikanal-Version verteilen sich die Daten nach der Semi-Separate-Methode. Sechs aufeinanderfolgende Abtastmuster sind in sechs Datenspuren enthalten, die durch zwei Paritätsspuren ergänzt werden

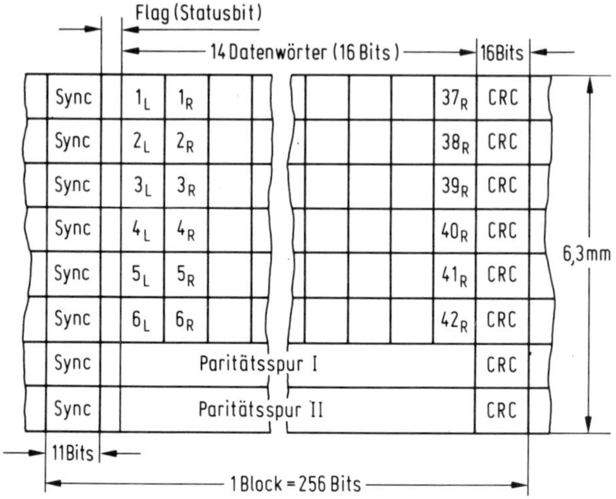

Abb. 2.12.22 Datenaufteilung des Mehrkanalrecorders MX-8000 von Mitsubishi. Je acht Datenspuren werden mit zwei davon abgeleiteten Paritätswortspuren ergänzt

(Abb. 2.12.22). Ein Hauptblock besteht aus 11 Synchronisationsbits, 14 x 16 Datenbits und einem 16-Bit-CRCC-Wort je Spur.

Die Ableitung der Paritätsspurdaten geschieht wie bei der Mehrkanalausführung durch Behandlung von 4-Bit-Elementen mit einer Generator-Matrix des Reed-Solomon-Codes [18].

Triple Error Correcting Code

In dem professionellen zweikanaligen Aufnahmesystem BP-90 von JVC wird ein Fehlercode angewendet, der eine Interleaving-Verzögerung mit der Paritätserzeugung verbindet; *Abb. 2.12.23* zeigt die Codiererschaltung. D bezeichnet darin eine Verzögerung, und der Exponent von D gibt den Multiplikationsfaktor in Wortlängen an. XG ist das Symbol für die Erzeugung des CRC-Codes mit dem Generator-Polynom $G(x) = x^{22} + x^9 + x^5 + x + 1$.

Anders als beim EIA-J-Standard enthält das Pseudo-Videosignal in jeder Zeile neben sechs Datenwörtern, zwei Paritätswörtern und dem CRCC-Wort an jedem Zeilenbeginn ein aus sechs Bits bestehendes Adreßwort, mit dessen Hilfe ein gezielter Zugang zu einem Datenblock möglich ist. Die Decodierung geschieht ähnlich wie im Crossword-Decoder, dabei dient der CRC-Code als Fehlerzeiger. Es werden mehrere Stufen gebildet, in denen

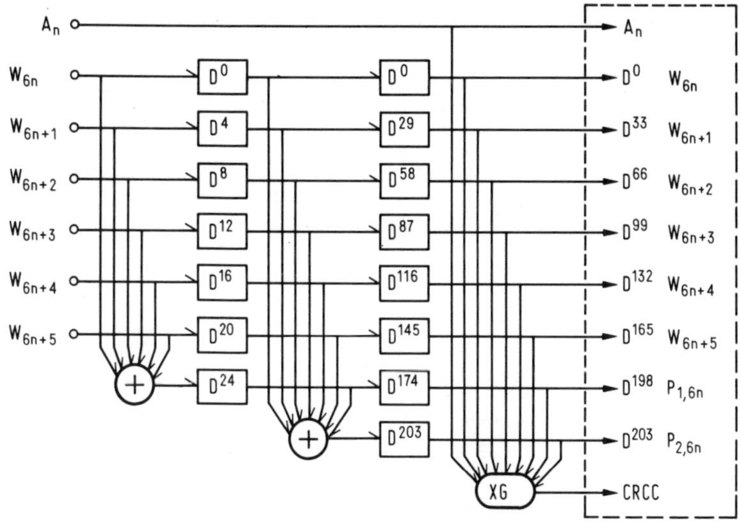

Abb. 2.12.23 Codierer des Triple-Error-Correcting-Codes im professionellen PCM-System von JVC. Als Fehlerzeiger wird neben dem CRCC-Wort auch die Blockadresse eingesetzt

die Paritätswörter die jeweils verbleibenden Hilfssyndrome wechselweise zu neuen Verknüpfungen benutzen. Als Fehlerzeiger dient zusätzlich das Blockadreßwort A_n.

3 Digitale Tontechnik in der Praxis

3.1 Beispiele verschiedener Aufzeichnungsgeräte

Allgemeines

Die Aufzeichnung des Datenflusses von etwa 2,5, . . . 3,5 MBit/s für zwei Nf-Kanäle setzt voraus, daß das Speichermedium eine Bandbreite dieser Größenordnung verarbeiten kann. Unter dem Aspekt der Wirtschaftlichkeit bieten sich für diesen Zweck Videorecorder mit Schrägspuraufzeichnung an, weil sie dank der Serienfertigung ein sehr gutes Preis/Leistungsverhältnis und hohe technische Reife aufweisen; allerdings eignet sich dieses Konzept nicht optimal für jede Art der Anwendung.

Ein völlig anderes Verfahren stellt die Aufzeichnung auf Geräten mit feststehenden Köpfen dar, wie sie aus der konventionellen analogen Tontechnik bekannt sind. *Tabelle 3* nennt einige spezifische Vor- und Nachteile, die jedes der beiden Prinzipien besitzt. In den elektroakustischen Daten dürfte es dagegen kaum noch wesentliche Unterschiede geben – nicht einmal mehr zwischen Consumer-Geräten und professionellen Anlagen.

Digitalaufzeichnung auf Videorecordern

Bekanntlich lassen sich Videosignale, die etwa eine Bandbreite von 4 MHz aufweisen, nur deshalb auf Magnetband mit einer absoluten Bandgeschwindigkeit von rd. 1,5 . . . 4,5, cm/s bei Heimgeräten, bzw. 9,5 cm/s und mehr bei professionellen Einrichtungen aufzeichnen, weil man mit einem Kunstgriff die relative Geschwindigkeit zwischen Band und Kopf erhöht. Das Band wird um eine rotierende Kopftrommel geführt; dabei sind Bandebene und Rotationsebene der Kopftrommel leicht gegeneinander geneigt, so daß zwei bzw. vier auf der Kopftrommel angeordnete A/W-Köpfe eine Schrägspur auf dem Band beschreiben. Jede Schrägspur enthält – unabhängig vom jeweiligen Fernsehstandard – ein Halbbild *(Abb. 3.1.1)*.

Tabelle 3. Vergleich einiger Eigenschaften von Schrägspur- und Longitudinal-aufzeichnung

	Schrägspuraufzeichnung (FM)	Longitudinal-Aufzeichnung Direktaufzeichnung
Systemkosten	niedrig (Consumergeräte), noch hoch (professionelle Geräte)	hoch
Bandkosten	niedrig	z.T. hoch
Einsatzgebiet	private Tonaufnahme, Tonstudio	auf absehbare Zeit nur auf dem professionellen Sektor
Kanalanzahl	2	2 . . . 48
Einzelzugriff zu den Spuren	nein	ja
Handschnitt	nein	je nach System möglich
elektron. Schnitt	nur in professionellen Systemen	je nach System möglich
Sonstiges	Hochlaufzeit relativ lang, kompakte Bauweise und netzunabhängiger Einsatz möglich	Hochlaufzeit kurz, relativ hohes Gewicht
Hinterbandkontrolle	möglich, aber noch nicht verwirklicht	z.T. vorhanden

Wie man den Oszillogrammen einer Zeile bzw. eines Halbbildes in *Abb. 3.1.2* entnehmen kann, besteht der Bildinhalt (bei der digitalen Aufzeichnung) nicht aus unterschiedlichen Pegeln, die den Luminanzwerten eines echten Fernsehbildes entsprechen, sondern aus Impulsen gleichbleibender Höhe, deren Vorhandensein eine logische Eins angibt. Synchron- und Referenzpegel sind gegenüber der Norm unverändert. Die Weißreferenz schafft einen Bezugswert für die automatische Verstärkungsregelung im Recorder.

Zur Aufzeichnung von digitalen Daten ist es allerdings nicht damit getan, den NRZ-Code des A/D-Konverterausgangs in ein normgerechtes BAS-Signal umzusetzen. Zunächst erfolgt grundsätzlich eine Segmentierung des

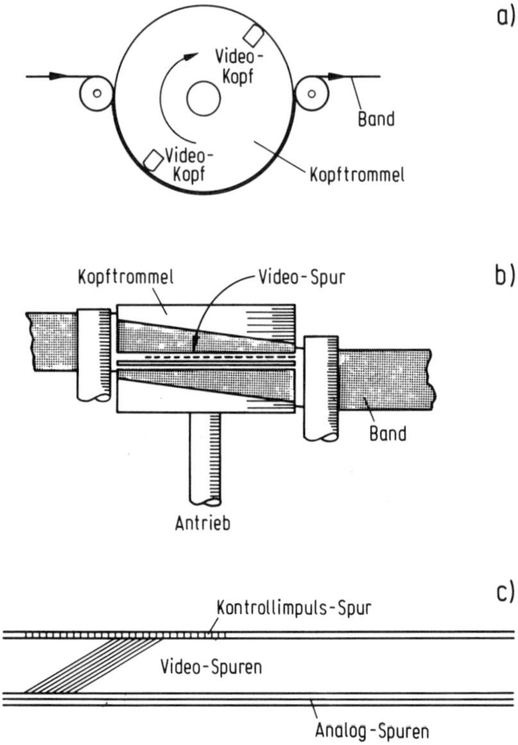

Abb. 3.1.1 Prinzip der Videoaufzeichnung mit rotierender Kopftrommel. a) Draufsicht; b) Seitenansicht; c) Spurbild

Bitflusses, da die Schrägspuren immer neu geschrieben werden; daneben beanspruchen Horizontal- und Vertikal-Austastlücken, Leerzeilen für die Kopfumschaltung und die Referenz- und Ausgleichsimpulse einen Teil der nominellen Halbbild-Zeilenzahl (262,5 im NTSC-System, 312,5 im PAL- und SECAM-System). Es muß daher eine Datenkompression in den Halbbildzeilen erfolgen, die bei der Wiedergabe rückgängig gemacht wird.

Die Umsetzung des Verfahrens in die Praxis stieß anfänglich auf recht große Schwierigkeiten, die in der relativ hohen Drop-Out-Rate, den sehr unterschiedlichen Jittereigenschaften und dem Wartungszustand der benutzten Videorecorder begründet sind. Heutige PCM-Prozessoren oder Adapter weisen ausnahmslos folgende Merkmale auf:

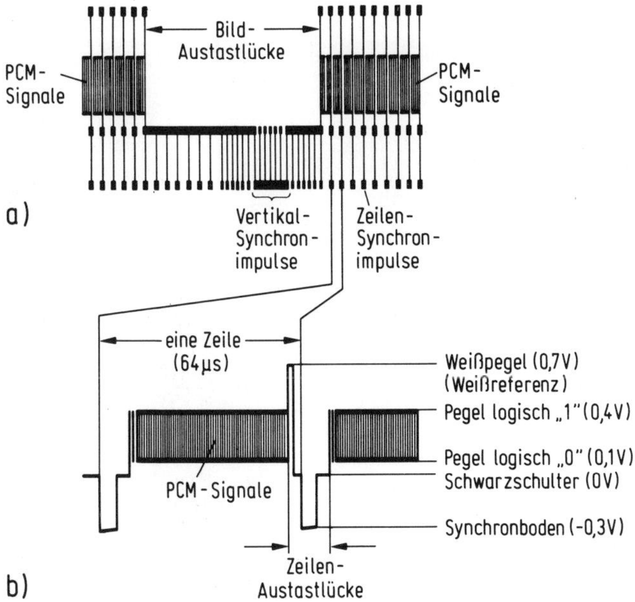

Abb. 3.1.2 Oszillogramm von PCM/Video-Signalen. a = Halbbild; b = Zeile im NTSC-Standard

- optimale, auf die Eigenschaften des Videobandes abgestimmte Fehlerkorrektur
- Zwischenspeicher zur Jitterkompensation
- geeignete Codespreizung
- spezielle Schaltungstechniken für die sichere Trennung von Daten- und Synchronimpulsen.

Die Kombination Prozessor/Videorecorder fand recht schnell Verbreitung im Tonstudiobereich; daneben sind auch bereits Geräte für den privaten Nutzer auf dem Markt. Da der Signalaustausch an der Schnittstelle zwischen Prozessor und Recorder in Form eines Norm-Videosignals in der Video-Ebene erfolgt, lassen sich PCM-Adapter im Prinzip mit unterschiedlichen Recordertypen und Fabrikaten koppeln.

Für den professionellen Gebrauch werden serienmäßige Einrichtungen von JVC und von Sony angeboten; ihre Datenformate sind untereinander nicht kompatibel.

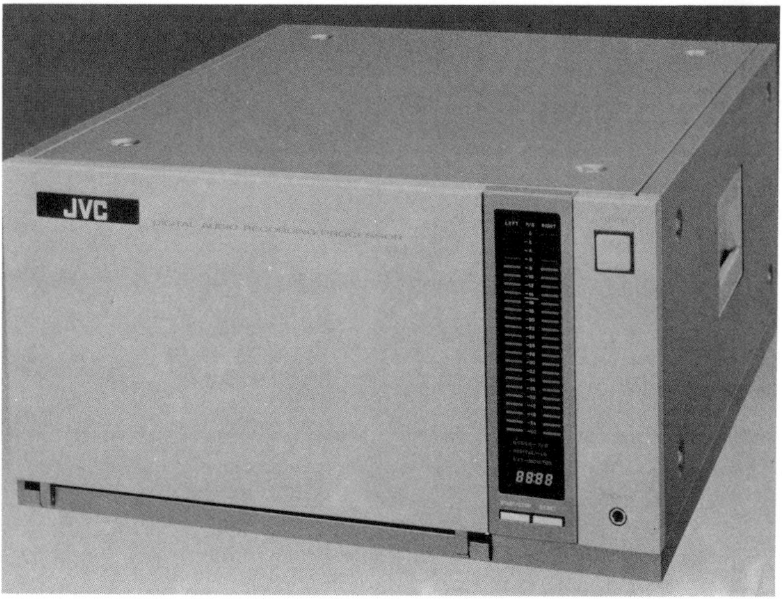

Abb. 3.1.3 PCM-Prozessor BP-90 (Werkbild JVC)

Das Aufnahmesystem von JVC besteht aus dem Prozessor BP-90 *(Abb. 3.1.3)* und einem U-matic-Recorder; als Aufzeichnungsmedium dient die weltweit standardisierte 3/4-Zoll-Bandkassette mit einer Stunde Laufzeit. Das Videosignal entspricht dem NTSC-Standard.

Die vereinfachte Blockschaltung des Prozessors zeigt *Abb. 3.1.4.* Analoge und digitale Ein- und Ausgänge sind doppelt vorhanden, während die interne Verarbeitung am gemultiplexten Signal erfolgt. Nicht gezeichnet sind die Stufen für Interleaving und De-Interleaving. Der Takt für die Ablaufsteuerung wird bei der Aufnahme aus dem internen Quarzoszillator abgeleitet; beim digitalen Kopiervorgang stammt er aus dem Interface-Signal und bei der Wiedergabe aus der PLL-Schaltung.

Von den 245 nutzbaren Zeilen entfallen zwei auf sog. Steuersignalblöcke *(Abb. 3.1.5a)*, die eine Halbbild-Adresse FA, eine Block-Adresse AC und eine 112 Bits breite Zone für anwenderbezogene Daten enthalten. In letzterer können eine Programm-Identifikation, Steuerdaten für die Verarbeitung etc. untergebracht werden. Innerhalb der Datenzeilen nach

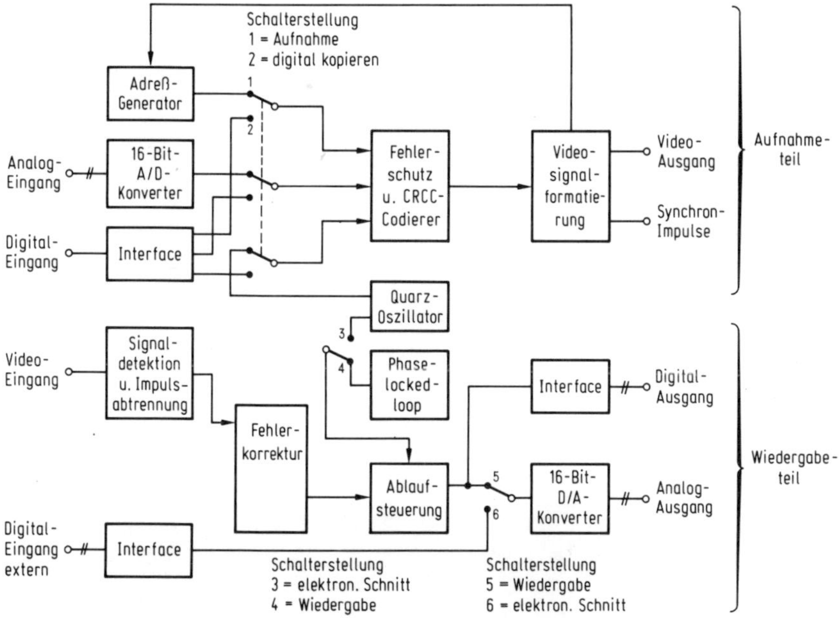

Abb. 3.1.4 Blockdiagramm des Prozessors BP-90

Abb. 3.1.5b stellt A_n eine 12-Bit-Blockadresse dar, dann folgen sechs Abtastmuster, zwei Paritätswörter und das CRCC-Wort.

Die Gesamt-Bitrate beträgt 3,084 MBit/s. Die Analog-Ein- und Ausgänge entsprechen in Pegeln und Impedanzen den Standards der analogen Tonstudiotechnik. Die digitalen Ein- und Ausgänge führen ein Interface-Signal nach hauseigenem Standard mit TTL-Pegel.

Die Einrichtung kann durch das Schnittsteuergerät AE-90 ergänzt werden; mit seiner Hilfe lassen sich zwei U-matic-Recorder so steuern, daß ein gezielter Datentransfer von einer Maschine auf die andere erfolgt.

Das professionelle 16-Bit-Aufzeichnungssystem von Sony benutzt ebenfalls die U-matic-Kassette als Datenträger. Der Prozessor PCM-1610 *(Abb. 3.1.6)* erzeugt bzw. verarbeitet ein NTSC-formatiertes Videosignal, das je Halbbildzeile zwölf 16-Bit-Worte sowie ein Skew-Bit enthält, welches ursprünglich für den Zeitfehlerausgleich vorgesehen war *(Abb. 3.1.7)*.

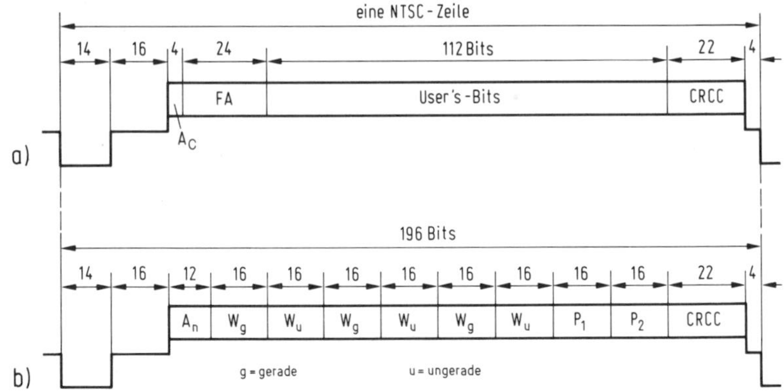

Abb. 3.1.5 Datenformatierung des PCM-Systems BP-90 von JVC. a = Steuerdatenzeilen (Zeilen 1 und 2); b = Signaldatenzeilen (Zeilen 0...244)

Abb. 3.1.6 Prozessor PCM-1610 für digitale Tonaufzeichnung auf U-matic-Kassette

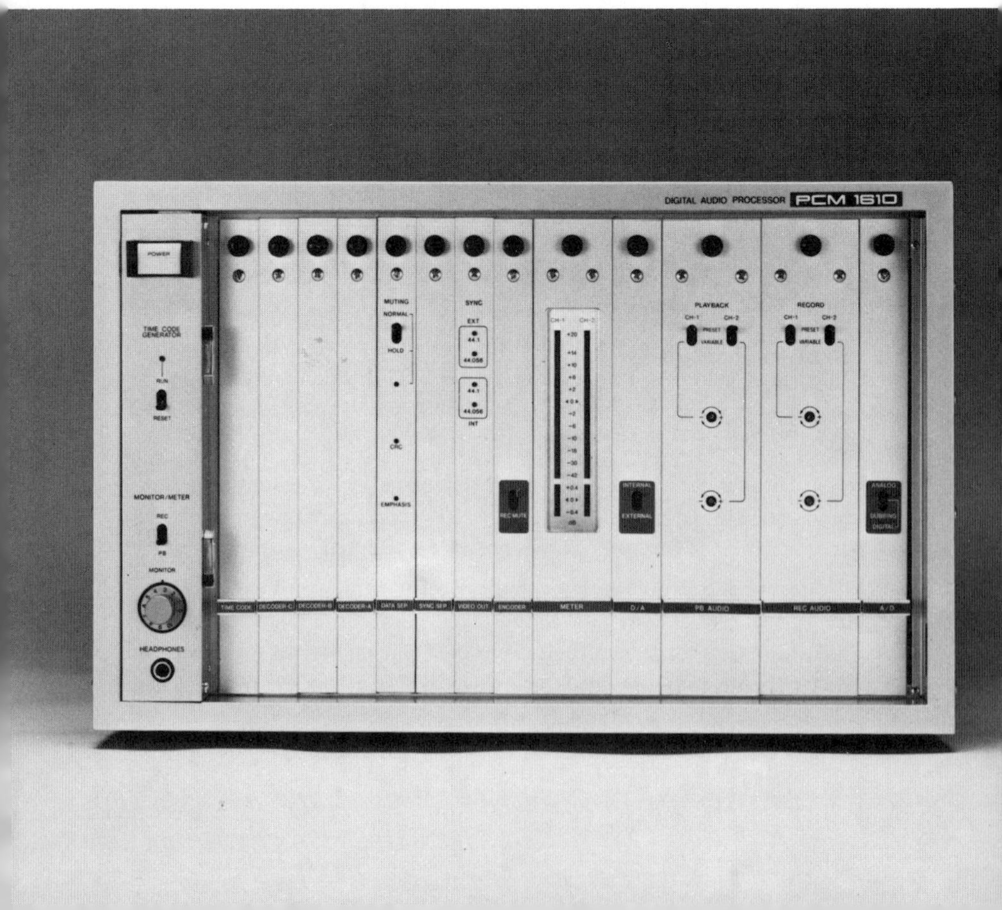

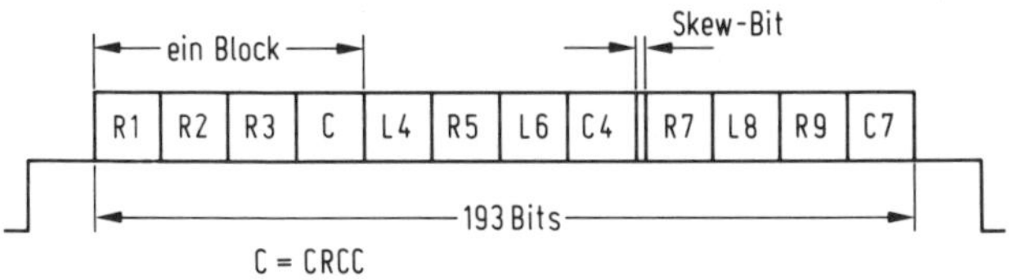

Abb. 3.1.7 Datenformat des PCM-1600-Systems. Das Skew-Bit dient als Statusbit zur Angabe der eingestellten Abtastfrequenz sowie zur Deemphasis-Aktivierung

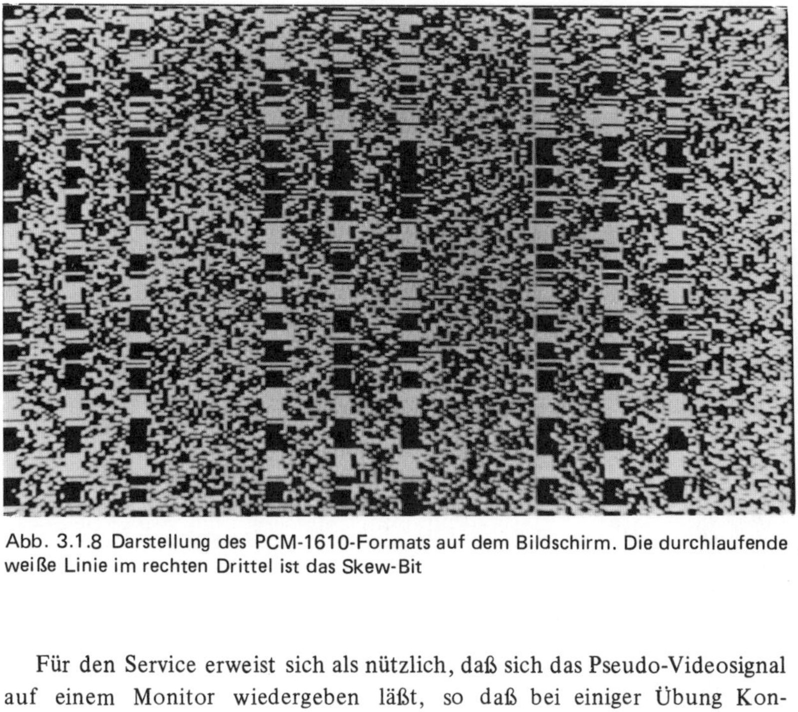

Abb. 3.1.8 Darstellung des PCM-1610-Formats auf dem Bildschirm. Die durchlaufende weiße Linie im rechten Drittel ist das Skew-Bit

Für den Service erweist sich als nützlich, daß sich das Pseudo-Videosignal auf einem Monitor wiedergeben läßt, so daß bei einiger Übung Konverterungenauigkeiten visuell beurteilt und ggf. abgeglichen werden können. In *Abb. 3.1.8* bedeutet jedes kleinste weiße oder schwarze Element des Bildschirmfotos ein Bit; größere zusammenhängende Flächen stellen nichtausgenutzte Bits der Codewörter (nur Null bzw. nur Eins) dar, die bei größerer Aussteuerung geringer werden. Die weiße senkrechte Linie im rechten Drittel ist das Skew-Bit, das hier als zusätzliches Statusbit dient. Je drei Datenwörter werden durch CRCC-Wörter getrennt, ferner folgt einer Datenwortzeile immer eine Paritätswortzeile.

Die Formataufteilung wurde so gewählt, daß je 105 Datenwörter des linken und des rechten Kanals, 105 Paritäts- und 105 CRCC-Wörter einen Interleaving-Block, d.h. 35 Zeilen ergeben. In ein NTSC-Halbbild mit 245 nutzbaren Zeilen passen daher gerade sieben Interleaving-Blöcke. Für die Bearbeitung beim elektronischen Schnitt ergibt sich durch die mit den Halbbildern zusammenfallende Blockstruktur eine wesentliche Vereinfachung in der Speicherorganisation des Editors.

Der Prozessor kann mit einer analogen Preemphasis (50 μs + 15 μs) betrieben werden; diese wird durch Ändern des Skew-Bit-Pegels von High auf Low in den ersten beiden Halbbildzeilen gekennzeichnet, bei der Wiedergabe automatisch gelesen, und durch eine Deemphasis kompensiert; daneben läßt sich auch die verwendete Abtastfrequenz (44,056 kHz oder 44,1 kHz) durch den Skew-Bit-Status markieren.

Professionelle Prozessor/Videorecorder-Kombinationen unterscheiden sich – abgesehen von den Impedanzen und Pegeln der Analog-Ein- und Ausgänge – hauptsächlich in drei Punkten von Consumer-PCM-Adaptern:

1. sie besitzen weitere Schnittstellen für den Datenaustausch innerhalb der digitalen Ebene

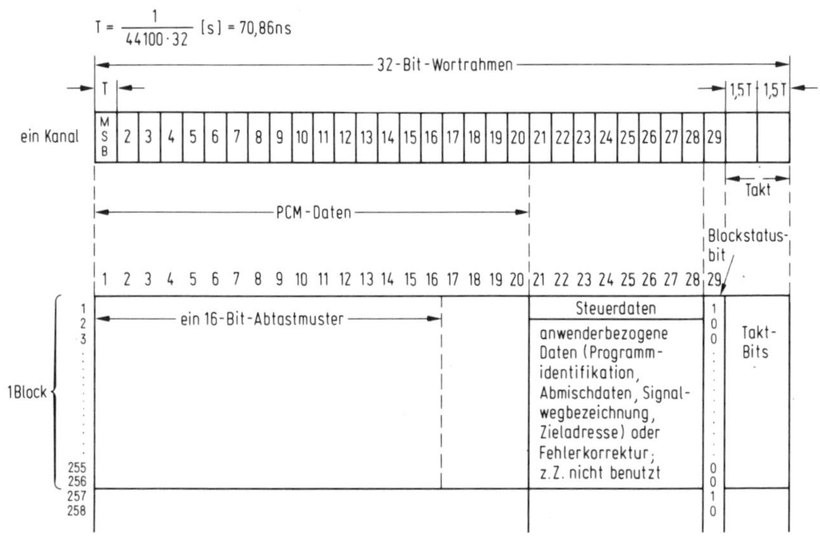

Abb. 3.1.9 Schnittstellenformat des PCM-1610-Systems

2. sie lassen sich als Komponente für die elektronische Schnittbearbeitung einsetzen

3. sie sind mit Ein- und Ausgang zur Verkopplung des internen Taktes mit externen Taktfrequenzen ausgestattet.

Der Prozessor PCM-1610 hat zwei einkanalige serielle Schnittstellen mit TTL-Pegel nach einem firmeninternen Standard, die zum Anschluß des Audio-Editors DAE-1100 und zur Zusammenschaltung mit dem 14-Bit-Prozessor PCM-100 des gleichen Herstellers dienen. Das Schnittstellenformat zeigt *Abb. 3.1.9,* die Impulse werden als NRZ-Code übertragen. Der gesamte Wortrahmen von 22,676 μs bei 44,1 kHz ist 32 Bit breit; davon entfallen 20 Bits auf die Abtastwörter und 8 Bits auf den User's-Bits- bzw. Steuerdaten-Bereich. Die Synchronisationszeichen sind 3 Bitzellen breit. Ein Block umfaßt 256 Wortrahmen, wobei der erste Wortrahmen stets durch ein Blockstatusbit markiert wird; außerdem lassen sich in der User's-Bit-Zone weitere Steuerbits (Angabe der Preemphasis, Kopiersperre) unterbringen. Der User's-Bits-Bereich wird ebenso wie 4 Bits des Datenwortbereichs in der gegenwärtigen Gerätegeneration nicht genutzt.

3.2 Schnittbearbeitung

Die Bandaufzeichnung in der U-matic-Kassette mit Video-Schrägspuren von etw 85 μm Breite läßt einen mechanischen Schnitt nicht zu; der Editiervorgang muß daher auf elektronische Weise erfolgen. Bei den Systemen BP-90 und PCM-1610 werden die Daten durch einen programmierbaren Kopierprozeß innerhalb der digitalen Ebene aneinandergefügt; der eigentliche Umstieg von einem Take auf den nächsten geschieht dabei in den Vollbildlücken *(Abb. 3.2.1).*

Da dieses Raster (30 ms im NTSC-Format) recht grob ist, läßt sich die Schnittgenauigkeit durch einen Kunstgriff erhöhen: Man speichert den digitalen Inhalt einiger Halbbilder um den Schnittpunkt herum in einem Halbleiterspeicher (RAM), den die Daten ständig durchlaufen, und nimmt den Datenaustausch in der Halbzeile vor. Die Steuerung des Kopierprozesses sowie die Speicherung der Schnittpunktsignale erfolgt durch eine Schnittsteuereinrichtung *(Abb. 3.2.2).* Sie gestattet dem Bedienenden, den Schnitt-

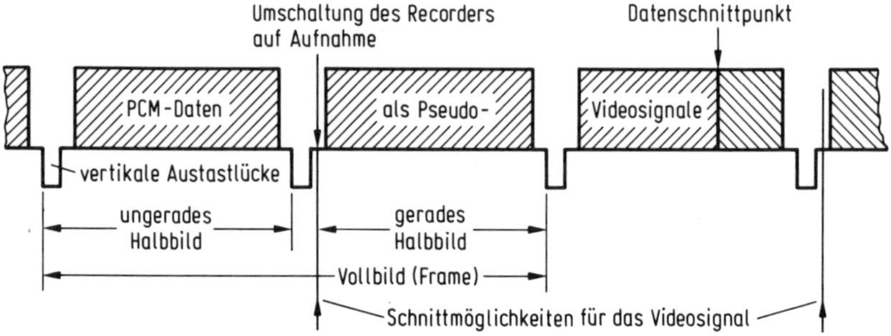

Abb. 3.2.1 Beim elektronischen Schnitt von PCM-Signalen, die auf Videorecordern aufgenommen sind, kann die Umschaltung des Recorders von Wiedergabe auf Aufnahme nur in der Vollbild-Austastlücke erfolgen. Da dieses Raster für die Schnittbearbeitung von Musik zu grob ist, erfolgt die Datenübernahme mit Hilfe von Zwischenspeichern innerhalb der Bildzeilen. Die erreichbare Genauigkeit beträgt 180μs...360μs

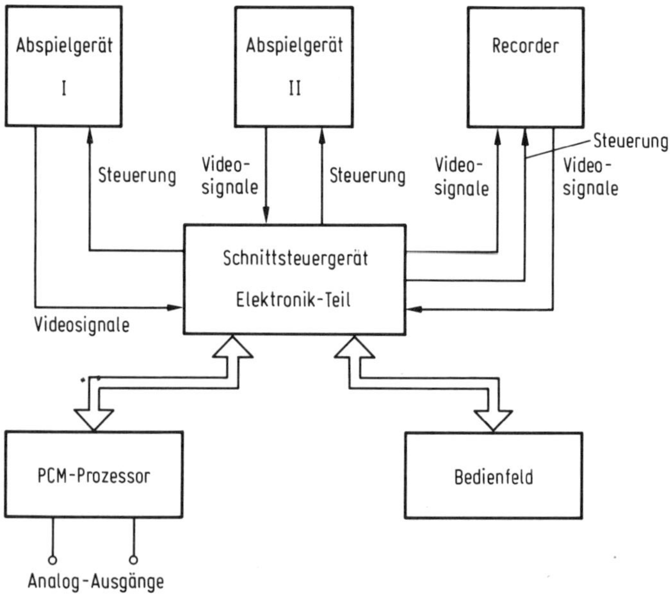

Abb. 3.2.2 Die Einrichtung für den elektronischen Schnitt von zweikanaligen digitalen Tonsignalen in Video-Formatierung besteht aus dem PCM-Prozessor, dem Schnittsteuergerät mit zugehörigem Bedienfeld und den Zuspiel- bzw. Aufnahmemaschinen. Die Schnittpunkte lassen sich durch Abhören der Analogausgänge bestimmen; sie werden entweder mit einem Adreßcode oder mit einem Timecode auf einer der Analogspuren der Videorecorder markiert

punkt durch langsameres Auslesen des Speicherinhalts und akustische Beurteilung genau zu finden. Das Aufnahme-Original auf der Zuspielmaschine bleibt dabei unzerstört erhalten.

Bei dem Audio-Editor AE-90 des JVC-Systems dient der im Datenformat enthaltene Adreßcode zur Schnittpunktmarkierung, während das Schnittsteuergerät DAE-1100 von Sony eine der U-matic-Analogspuren zur Aufnahme des SMPTE-Zeitcodes benutzt. Die gespeicherten Signale ermöglichen eine Schnittpunkt-Überblendung durch Multiplikation der Datenwörter mit einem Auf- bzw. Abblend-Koeffizienten innerhalb der digitalen Ebene, so daß störungsfreie Signalübergänge am Schnittpunkt erreicht werden.

Das Editierkonzept von Soundstream trägt die Bezeichnung Random Access Editing (Schnittbearbeitung mit wahlfreiem Zugriff). Die digitalen Aufnahmen – es lassen sich Geräte verschiedener Hersteller einsetzen – werden selektiert auf Magnetplatten mit je 300 MByte Speicherkapazität überspielt. Der eigentliche Editiervorgang besteht aus einem Datentransfer von Plattenspeicher zu Plattenspeicher, wobei ein Mainframe-Computer die Abläufe steuert und über das Eingabe-Tastenfeld einen gezielten Zugriff zu einzelnen Abtastmustern erlaubt; auch Kreuzüberblendungen sind durchführbar.

Das bearbeitete Programm wird abschließend wieder vom Plattenspeicher auf ein digitales Bandgerät überspielt. Schnittcomputer dieses Systems stehen z.Z. in Salt Lake City, U.S.A. und in Gütersloh.

3.3 Kopieren von digitalen Aufzeichnungen

Von den drei Möglichkeiten, digitale Signale von einem Gerät auf ein anderes zu kopieren, genügt nur die unmittelbare Signalverbindung innerhalb der digitalen Ebene professionellen Ansprüchen, da hier jeder Qualitätsverlust ausgeschlossen ist. Voraussetzung dafür ist jedoch einerseits das Vorhandensein entsprechender Schnittstellen, deren Standardisierung gegenwärtig noch aussteht, andererseits müssen die beiden kommunizierenden Geräte die gleiche Abtastfrequenz haben. Nötigenfalls sind unterschiedliche Abtastraten durch einen Abtastfrequenzkonverter einander anzupassen. Eine solche Einrichtung wird z.B. von Studer angeboten.

Kopieren durch Verbinden der analogen Aus- bzw. Eingänge von zwei Adaptern kann bei Fehlen einer digitalen Schnittstelle oder mangelnder Kompatibilität nur ein Notbehelf sein, da sich lineare und nichtlineare Verzerrungen beider Systeme ebenso akkumulieren wie die Rauschspektren. Allerdings läßt sich durch diese Methode eine 14-Bit-Aufnahme in eine 16-Bit-Aufnahme umsetzen, ohne daß die „fehlenden" beiden Bits z.B. auf dem Monitor erkannt werden können, wie es beim direkten digitalen Kopieren der Fall wäre.

Die dritte Möglichkeit besteht im direkten Kopieren der Videosignale; sie ist aus mehreren Gründen nicht zu empfehlen:

- die Bitfehlerrate kann eine Größenordnung annehmen, die die Korrekturkapazität der wiedergebenden Maschine übersteigt,
- die Addition der Zeitbasisfehler (Jitter) kann die Auslesung der Impulse unmöglich machen, zumal Video-Synchronimpulse und PCM-Synchronzeichen unterschiedliche Zeitfehler aufweisen können.

Da die PCM-Prozessoren unabhängige Aufnahme- und Wiedergabezüge besitzen, lassen sich die Daten nach der Fehlerkorrektur innerhalb des Prozessors wieder in den Aufnahmezug einspeisen. Beim Prozessor BP-90 geschieht dies nach Verbinden von Digital-Aus- und Digital-Eingang in der Stellung 2 des Kopier-Schalters (Abb. 3.1.4); der Prozessor PCM-1610 besitzt einen speziellen Dubbing-Schalter, mit dem alle notwendigen Signalverbindungen hergestellt werden können.

3.4 Taktverkopplung

Bei der Videoformatierung von PCM-Daten sind prinzipiell zwei Taktfrequenz-Hierarchien vorhanden; die eine umfaßt alle Taktsignale für den A/D- bzw. D/A-Konversionsprozeß und die Fehlerschutzeinrichtungen, wobei die Abtastfrequenz nur eine der vom Mutteroszillator abgeleiteten Taktfrequenzen ist. Die andere betrifft alle Video-Synchronsignale (Composite Sync) bzw. BAS. Beide Taktfrequenzebenen sind in Aufnahme-Funktion des Recorders starr untereinander verkoppelt; da der Prozessor-Takt die Referenz bildet, wird eine Langzeit-Drift hierdurch verhindert.

Bei der Wiedergabe vom Recorder haben Video-Synchronzeichen und PCM-Daten unterschiedliche Zeitbasisschwankungen. Während der Zeitfehler der

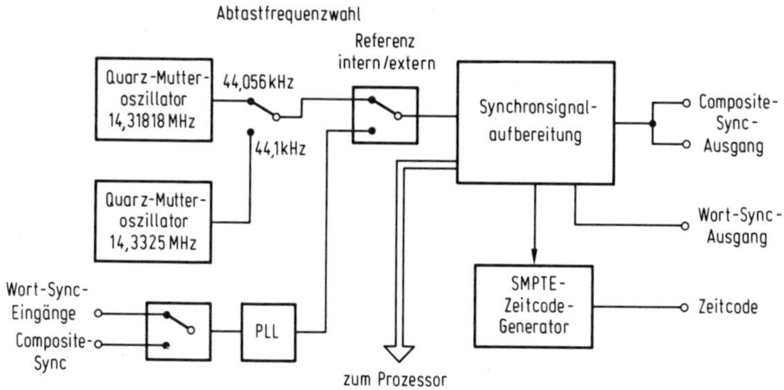

Abb. 3.4.1 Einrichtungen zur Takterzeugung und -verkopplung im Prozessor PCM-1610

Video-Synchronimpulse (und nur dieser!) größtenteils im Recorder ausgeregelt wird, erfolgt der Zeitfehlerausgleich der PCM-Daten im RAM-Bereich des Wiedergabeteils im Prozessor. Der Recorder hat jedoch seine eigene Quarzreferenz, so daß zwischen ihr und dem Prozessor-Takt eine Drift bestehen kann. Sie wird normalerweise von einer PLL-Schaltung abgefangen, kann jedoch auch durch Synchronisation des Recorders in Wiedergabestellung durch den Prozessortakt beseitigt werden.

Beim Betrieb der Prozessor/Videorecorder-Kombination mit einem Schnittsteuergerät, weiteren Recordern oder mit Videoeinrichtungen schaffen somit unterschiedliche Takt-Ein- und Ausgänge für Composite Sync und Worttakt am Prozessor die nötige Flexibilität. *Abb. 3.4.1* zeigt schematisch die Einrichtungen zur Takterzeugung und -verkoppelung des Prozessors PCM-1610.

3.5 Das EIA-J-Format

Im Consumer-Bereich ist die Adapter/Videorecorder-Kombination mit einem Signalformat nach EIA-J-Empfehlung derzeit die einzige Möglichkeit zur digitalen Tonaufnahme und -wiedergabe; ferner stellt sie den ersten weltweiten De-Facto-Standard der digitalen Audiotechnik dar, von dem einige Basisgrößen auch Einfluß auf andere, noch zu vereinheitlichende Parameter ausüben dürften.

Tabelle 4. Systemgrößen des EIA-J-Formats

	NTSC (525 Zeilen)	PAL/SECAM (625 Zeilen)
Anzahl der Nf-Kanäle	2	
Übertragungsbereich	max. 20 kHz x)	
Abtastfrequenz	44,056 ± 0,005 kHz	44,100 ± 0,005 kHz
Quantisierung	gleichförmig; 14-Bit-Rahmen (Slot)	
Konversionscode	Zweierkomplement-Binärcode; positiver Binärwert repräsentiert einen positiven Spannungswert	
Abtastung	alternierend, beginnend mit dem linken Kanal	
Gesamt-Bitrate	2,643 MBits/s	2,625 MBits/s
Preemphasis	wahlweise schaltbar; Zeitkonstanten T_1 = 50 µs ≙ 3,18 kHz; T_2 = 15 µs ≙ 10,61 kHz	
Fehlerzeiger	CRCC; Generatorpolynom $G(x) = X^{16} + x^{12} + x^5 + 1$	
Fehlerschutz	b -Adjacent-Code	
Daten in einer Bildzeile	6 Datenwörter, 2 Paritätswörter, 1 CRCC-Wort	
PCM-Datenzeilen in einem Halbbild	245	294

x) eine untere Grenzfrequenz ist nicht definiert

Die Formatempfehlung wurde im Frühjahr 1979 von den in der Electronic Association of Japan zusammengeschlossenen Herstellern veröffentlicht. Dieser auf der NTSC-Fernsehnorm aufbauenden Empfehlung STC-007 folgte 1981 eine ähnliche Formatfestlegung STC-008 für das PAL/SECAM-(CCIR-)System. Die grundlegenden Ziele sind:

1. Nutzung von Kassetten-Videorecordern unterschiedlicher Fabrikate, Typen und Systeme zur Aufnahme und Wiedergabe von digitalen Tonsigna-

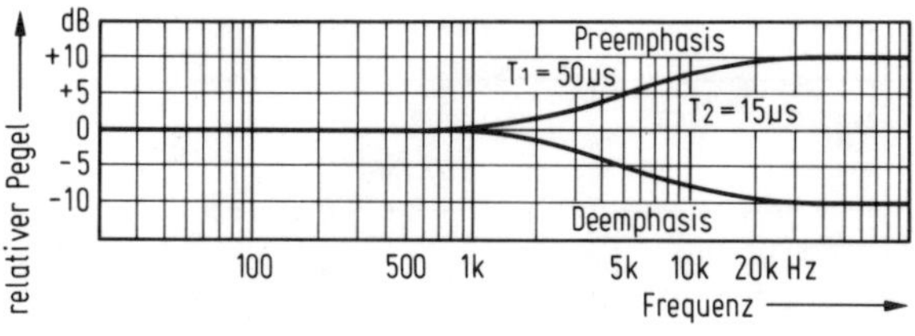

Abb. 3.5.1 Frequenzverlauf von Preemphasis und Deemphasis im EIA-J-Format

len ohne zusätzliche Modifikationen und unter Beibehaltung der normalen Funktionen.

2. Wahrung der Kompatibilität der Aufzeichnungen und Austauschbarkeit der Coder- bzw. Decodereinrichtungen.

Die technischen Daten der Vereinbarung für das NTSC- sowie das PAL/SECAM-System nennt *Tabelle 4.* Die Abtastfrequenzen von 44,056 kHz bzw. 44,1 kHz sind so eng wie möglich beeinanderliegend gewählt worden, um in der Gerätefertigung nur sehr wenige unterschiedliche Bauelemente für die beiden Systeme einsetzen zu müssen. Der 14 Bits breite Wortrahmen gestattet auch den Einsatz nichtgleichförmiger Quantisierung, sofern das Datenformat eine D/A-Konversion mit Konvertern gestattet, die eine gleichförmige Kennlinie besitzen.

Die in der Tabelle angegebene Höhenanhebung ist meist fest verdrahtet. *Abb. 3.5.1* zeigt die Frequenzgänge von Preemphasis und Deemphasis. Da das Vorhandensein einer Preemphasis durch ein Statusbit im Steuersignalblock gekennzeichnet wird, erfolgt bei der Wiedergabe automatisch eine Kompensation.

Die auch hier mögliche Bildschirmdarstellung der Pseudo-Videosignale in *Abb. 3.5.2* läßt die typische Wortaufteilung des EIA-J-Formates erkennen; jede Zeile beginnt am linken Bildrand mit den (schwarzen) Zeilenaustastimpulsen, denen mehrere Synchronisationsbits folgen. Größere zusammenhängende Flächen sind unausgenutzte Teile der Codewörter, von denen sieben gut zu erkennen sind. Der abgebildete Nf-Signalspiegel der Aufnahme umfaßt etwa die Hälfte des möglichen Quantisierungsbereiches.

Da das P-Wort durch einfache mod2-Addition entsteht, unterscheidet es sich kaum von den Datenwörtern. Im Gegensatz dazu ist das Q-Wort innerhalb der feinstrukturierten Fläche im rechten Bilddrittel nicht zu erkennen; es weist die gleiche, scheinbare Regellosigkeit auf wie das CRCC-Wort. Die Korrekturfähigkeit des b-Adjacent-Codes, die auf den unterschiedlichen Bildungsgesetzen der P- bzw. Q-Parität beruht, tritt hier deutlich hervor.

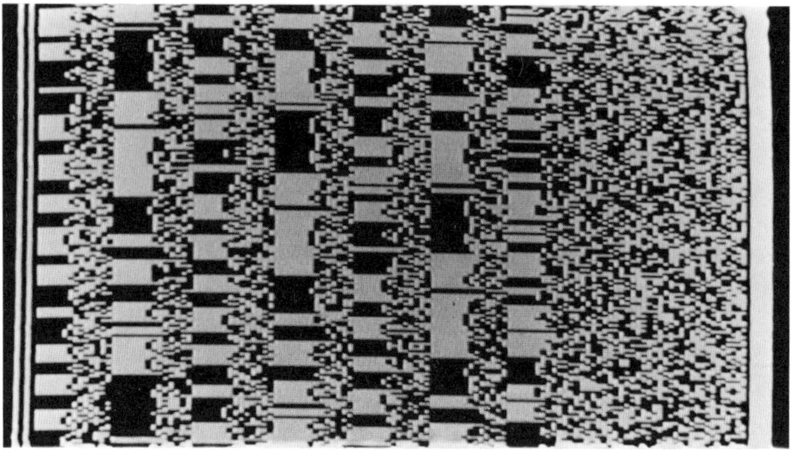

Abb. 3.5.2 Bildschirmdarstellung des Pseudo-Videosignals nach EIA-J-Standard

Der weiße Balken am rechten Bildrand entsteht durch die Weißreferenz, danach folgt der (schwarze) Synchronboden. Die Synchron- und Referenzimpulse am linken und rechten Bildrand lassen sich nur auf einem sog. Delay-Monitor abbilden; sie sind auf einem normalen Bildschirm nicht zu erkennen.

3.6 Aufzeichnung nach EIA-J-Format in der europäischen CCIR-Fernsehnorm

Im europäischen 625-Zeilen-System entfallen auf ein Halbbild 312,5 Zeilen; nach EIA-J werden davon 294 Zeilen für Daten und eine Zeile für einen Steuerdatenblock benutzt. Der Rest entfällt auf Synchronzeichen, Ausgleichsimpulse (Trabanten) und Leerzeilen. Die Aufteilung für ein ungerades Halbbild zeigt *Abb. 3.6.1a.*

Der Steuerdatenblock enthält – ebenso wie eine Datenzeile – 128 Bits, die sich entsprechend *Abb. 3.6.1b* aufteilen. Die 56 Bits des Vorspanns haben die Konfiguration 11001100 . . . 1100; sie unterstützen die Takt-Rückgewinnung bei der Wiedergabe. Das ID-Wort kann später einmal zur Inhaltsangabe bei kommerziell bespielten Bändern, für Copyright-Angabe sowie als Hersteller-Identifikation dienen.

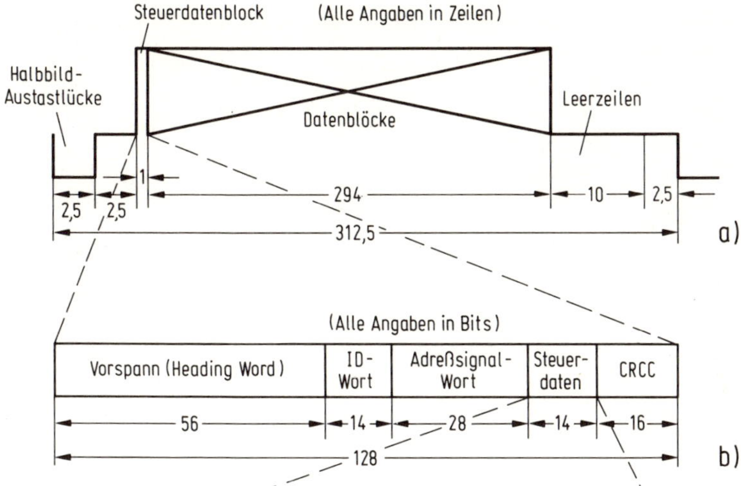

Bit-Nr.	Zuordnung der Steuerdatenbits	Anwendung	Bit-Status
1....10	nicht spezifiziert		0
11	Kopiersperre (Copy prohibiting code)	nein	0
12	Flag bei P-Korrektur	ja	0
13	Flag bei Q-Korrektur	ja	0
14	Flag bei Preemphasis	ja	0

c)

Abb. 3.6.1 Aufteilung des Steuerdatenblocks im EIA-J-Format

Das Adreßsignalwort setzt sich nach einem Vorschlag des Technischen Komitees im EIA-J wie folgt zusammen:

1. Indexcode (6 Bits)
   Nummer des Musiktitels
   Blockmarkierung
   Pausenmarkierung
   fortlaufende Indexnummer, z.B. ausgelöst durch Index-Taste
   Schnittmarkierung

2. H-M-S-Code (4+6+6 Bits)
   Speicherung der Echtzeit
   Speicherung einer voreingestellt ablaufenden Zeit
   Speicherung einer relativen Zeit (Halbbildsynchronisation als Zeitbasis)
3. Halbbild-Code (6 Bits)
   Zählung mit Inkrementierung je 60 Halbbilder (bisher nur für NTSC-Format festgelegt)

Von den Steuerdaten in *Abb. 3.6.1c* stellen die Bits 11, 12, 13 und 14 Status-Flags dar. Bit 11 ist das sogenannte Non-Dubbing-Bit, es kann das Kopieren von kommerzieller Software über den Digital-Ausgang eines Prozessors, wenn ein solcher vorhanden ist, durch Stummschaltung verhindern. Die Bits 12 und 13 zeigen die Verwendung des P-Paritätswortes bzw. die des Q-Paritätswortes an und können entsprechende Decoder-Umschaltungen auslösen. Bit 14 schaltet im Falle der Verwendung einer Preemphasis die Höhenabsenkung im Analogteil des Wiedergabeverstärkers ein.

Als Referenzsignal wurde eine Frequenz von 450 Hz mit einem Pegel von 15 dB unterhalb des Maximalpegels festgelegt, wobei der positive Spitzenwert der Bitfolge 0001011011001 und der negative der Bitfolge 1110100100111 entspricht.

3.7 LSIs für PCM-Adapter

PCM-Adapter sowie integrierte PCM-Recorder im NTSC-Standard werden bereits von mehreren Herstellern angeboten; auch PAL- bzw. Zwei-Standard-Versionen sind auf dem Markt. Wenn auch die grundlegenden Geräteeigenschaften durch das EIA-J-Format festgelegt werden, so bleibt doch genügend Spielraum für eigenständige Konstruktions- und Bedienungsmerkmale.

Ein PCM-Adapter, aufgebaut aus diskreten Bauelementen und Standard-Logikschaltungen benötigt allein für letztere etwa 500 TTL-ICs; Beispiele dafür sind die Prozessoren VP-1000 von JVC und PCM-100 von Sony. Bei der heutigen Gerätegeneration sind inzwischen mehr als 90% der Komponenten als LSIs integriert und viele Funktionen darin zusammengefaßt. Die Blockschaltung eines Consumer-PCM-Adapters in *Abb. 3.7.1* kann deshalb die einzelnen Signalverarbeitungsstufen nur schematisch zeigen.

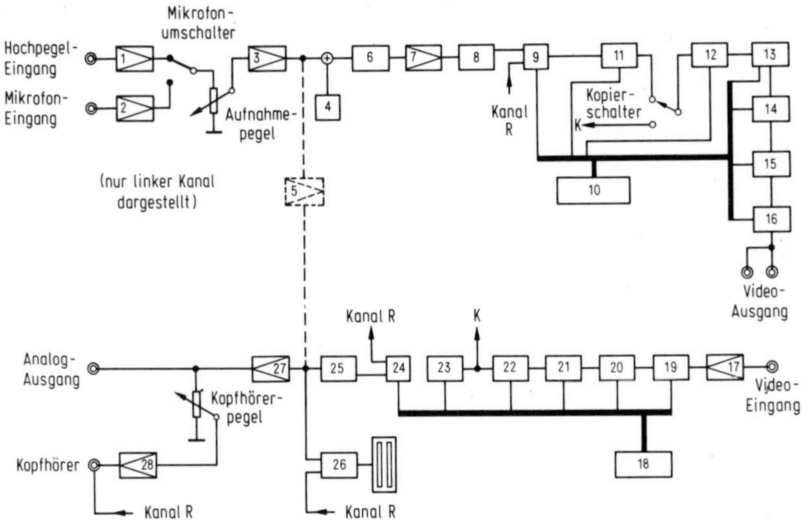

1 Eingangs-Pufferverstärker	15 CRCC-Erzeugung
2 Mikrofon-Vorverstärker	16 Videoformatierung und -Verstärkung
3 Aufholverstärker	17 Video-Eingangsverstärker
4 Dithergenerator	18 Wiedergabe-Taktgenerator
5 Pufferverstärker für Monitorbetrieb	19 Synchronsignal-Erzeugung
6 Tiefpaßfilter	20 CRC-Decoder
7 Filterverstärker	21 Zeitbasiskorrektur, De-Interleaving
8 S/H-Schaltung	22 Fehlerkorrektur und -Verdeckung
9 Multiplexer	23 D/A-Konverter und Deglitcher
10 Taktgenerator	24 Demultiplexer
11 A/D-Konverter	25 Tiefpaßfilter
12 Aufnahme-Stummschaltung	26 Anzeigeverstärker
13 P-Q-Codierer	27 Aufholverstärker
14 Datenspeicher (Interleaving; Kompression)	28 Kopfhörerverstärker

Abb. 3.7.1 Schematische Anordnung der Funktionsblöcke in nichtprofessionellen PCM-Adaptern

Die Firmen Hitachi und JVC entwickelten eine Reihe von LSIs für PCM-Adapter, die den Schaltungsblock für digitale Signalverarbeitung erheblich zusammenschrumpfen lassen *(Abb. 3.7.2)*. Die Hauptfunktionen der Chips zeigt *Tabelle 5*. Durch Ändern eines Anschlußpotentials an einem der LSIs läßt sich der Adapter vom NTSC- auf das PAL/SECAM-Format um-

Tabelle 5. Hochintegrierte Schaltungen von JVC und Hitachi für PCM-Adapter und ihre Funktionen

	LSI-Bezeichnung	Funktionen
Aufnahme	HD 440 381	Erzeugung der P- und Q-Paritätswörter sowie der Steuersignale für die A/D-Konverter
	HD 440 382	Interleaving und RAM-Adreßsteuerung, Erzeugung der Video-Synchron-Impulse, Ableitung des CRCC-Wortes
Wiedergabe	HD 440 361	Fehlererkennung, Steuersignalblockerkennung, Muting-Auslösung
	HD 440 362	Synchronimpulserkennung, De-Interleaving und RAM-Adreßsteuerung, Speicher-Schutzschaltung
Fehler-korrektur	HD 440 37	P- und Q-Fehlerkorrektur, Steuersignale für den D/A-Konverter, diverse Anzeigefunktionen

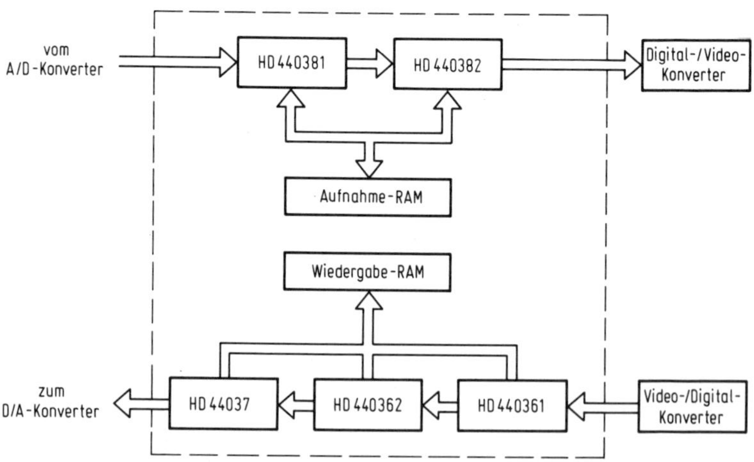

Abb. 3.7.2 Teilschaltung eines PCM-Adapters mit LSIs (Hitachi/JVC)

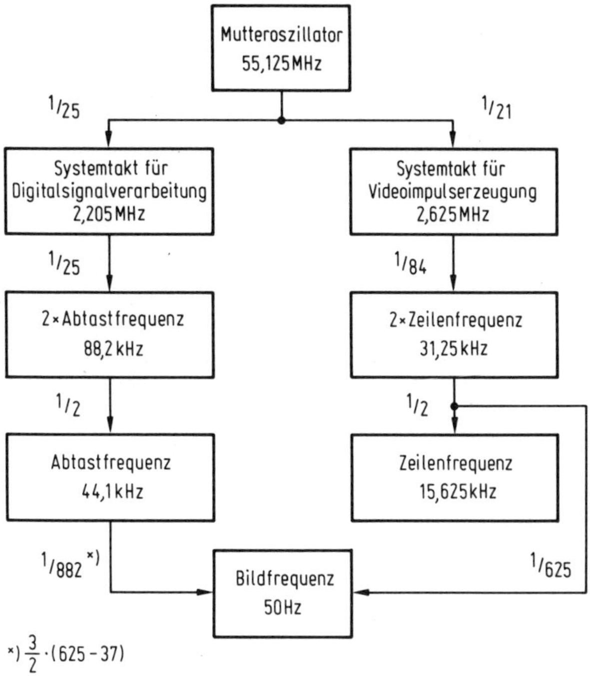

Abb. 3.7.3 Ableitung der Systemtakte für Videoimpulserzeugung und digitale Signalverarbeitung

schalten; wenn die Schaltung mit einer PLL-Stufe ergänzt wird, ist ferner Konversion vom NTSC- in das PAL-Format mit einem Prozessor innerhalb der digitalen Ebene verwirklichbar [19].

Die beiden Taktfrequenzhierarchien, d.h. die mit der Abtastfrequenz verkoppelten Systemtakte innerhalb des Prozessors und die mit den Video-Synchronimpulsen verkoppelten sind nur dann von einem einzigen Muttertakt abzuleiten, wenn dessen Frequenz recht hoch ist. Sie beträgt hier 55,125 MHz, und wird auf 2,205 MHz für die digitalsignal-verarbeitenden LSIs bzw. auf 2,625 MHz für die Videosignalaufbereitung heruntergeteilt *(Abb. 3.7.3)*.

Eine noch weitergehende Integration ist in den LSIs des Herstellers Matsushita zu finden, die in 4-μm-NMOS-Technologie gefertigt werden. Der Typ MN 6601 enthält sämtliche signalverarbeitenden Stufen vom Konversionscode-Eingang bis zum Videosignal-Ausgang und umfaßt ca. 15000 Transistorfunktionen.

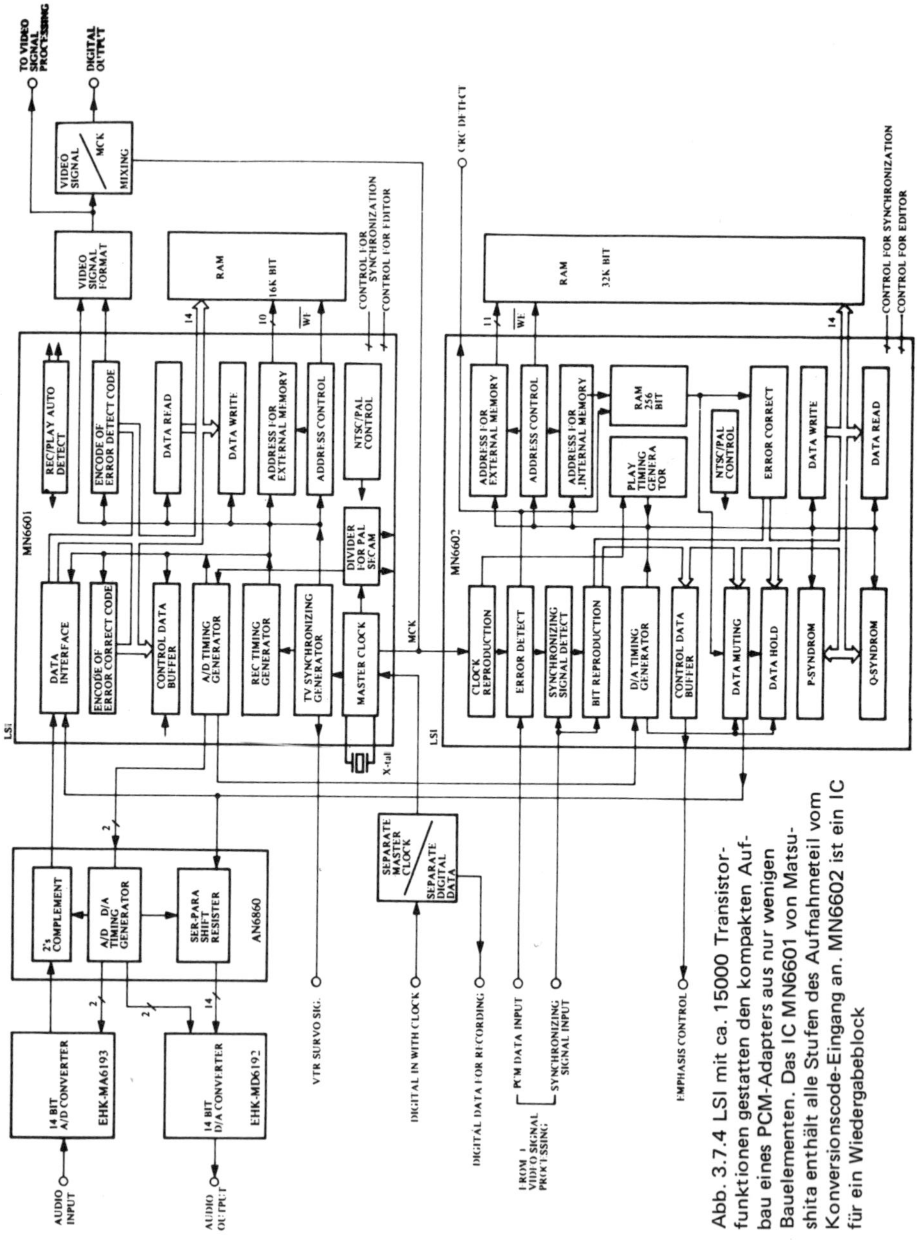

Abb. 3.7.4 LSI mit ca. 15000 Transistorfunktionen gestatten den kompakten Aufbau eines PCM-Adapters aus nur wenigen Bauelementen. Das IC MN6601 von Matsushita enthält alle Stufen des Aufnahmeteil vom Konversionscode-Eingang an. MN6602 ist ein IC für ein Wiedergabeblock

Alle Stufen des Wiedergabeteils sind im Typ MN 6602 vereint, sodaß neben dem 16 kBit-RAM für die Aufnahme und dem 32 kBit-RAM für die Wiedergabe nur noch eine geringe Anzahl von Zusatzkomponenten erforderlich ist *(Abb. 3.7.4)*. NTSC- bzw. PAL/SECAM-Betrieb ist durch Umschaltung am Chip möglich. Neben der Verarbeitung der PCM-Tonsignale sind beide LSIs auch in Verbindung mit den Steuerdaten des EIA-J-Formats zu umfangreichen Adreß- und ID-Code-Funktionen geeignet; z.B. ließe sich durch Einbezug des Adreßcodes in Verbindung mit der Laufwerksteuerung der Videorecorder eine Mehrkanal-Aufnahmeeinrichtung zusammenstellen; dabei arbeiten mehrere MN 6601 als Slave-LSI. Man kann davon ausgehen, daß derartige Applikationen in späteren Geräte-Generationen zu finden sind, wenn es einen Bedarf dafür gibt.

Etwa 1000 Gatterfunktionen sind auf dem IC AN6860 in I^2L-Technologie mit den Chip-Abmessungen 4 mm x 4,6 mm integriert *(Abb. 3.7.5)*. Es ist als Master-Slice-Chip aufgebaut, d.h. es enthält wesentlich mehr Konfi-

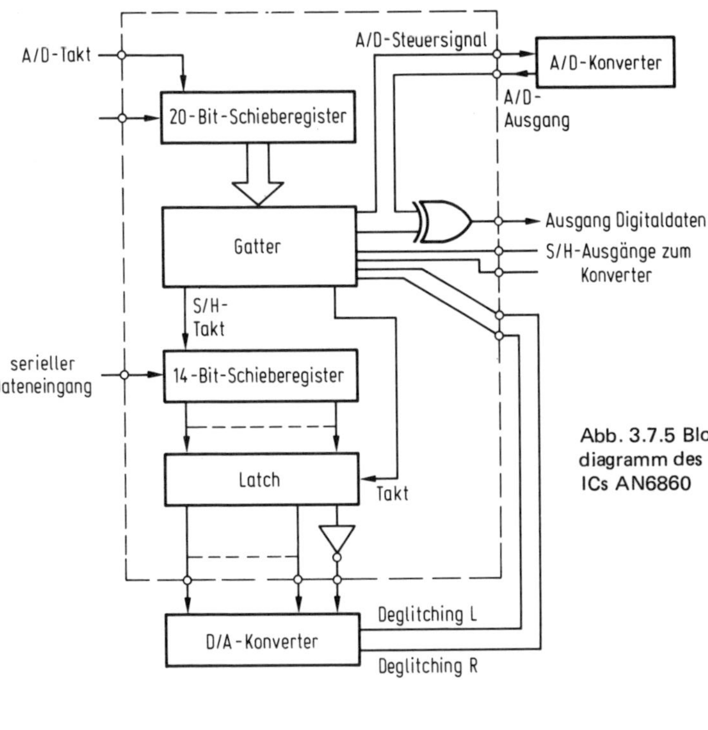

Abb. 3.7.5 Blockdiagramm des ICs AN6860

gurationen für die aktiven Teile, als im Zusammenwirken mit den Prozessor-LSIs benötigt werden und läßt sich durch Änderung der Aluminium-Verbindungsmaske anderen Funktionen anpassen.

3.8 EIA-J-Format mit 16-Bit-Quantisierung

Obwohl das EIA-J-Format für die gegenwärtige Gerätegeneration noch einen 14-Bit-Wortrahmen empfiehlt, ist eine Erweiterungsmöglichkeit bei der Datenwortlänge bereits berücksichtigt. Der Adapter PCM-F1 von Sony macht davon Gebrauch; er läßt sich auf Grund seiner Ausstattung mit 16-Bit-A/D- und D/A-Konvertern von 14-Bit- auf 16-Bit-Quantisierung umschalten. Um die Zusatzdaten innerhalb einer Bildzeile unterbringen zu können, muß auf das Q-Paritätswort verzichtet werden *(Abb. 3.8.1)*. Da es eine Länge von 14 Bit hat, lassen sich je zwei Zusatzbits der sechs Datenwörter und des P-Paritätswortes an seiner Stelle durch ein 14-Bit-Supplementwort S ersetzen. Allerdings steht das Q-Wort für die Fehlerkorrektur nun nicht mehr zur Verfügung, und an Stelle des b-Adjacent-Decoders kann nur noch der Basis-Decoder wirksam werden.

Diese Einschränkung der Fehlerkorrekturkapazität ist, wie die Erfahrung zeigt, in der Praxis vernachlässigbar. Durch verbesserte Servosysteme der Videorecorder treten in Verbindung mit neueren Bandtypen, die eine glatte

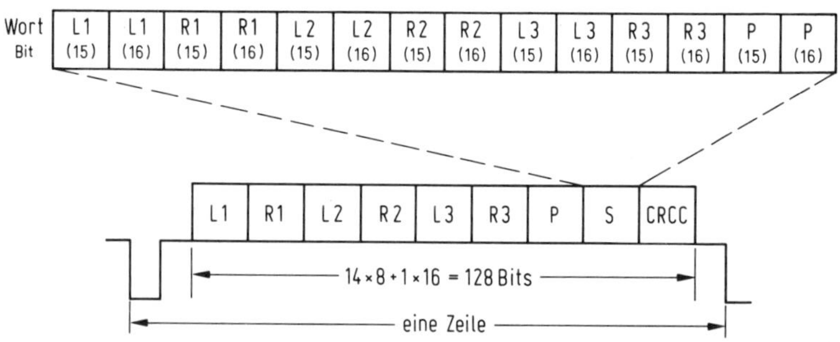

Abb. 3.8.1 Anstelle der 14-Bit-Datenwörter lassen sich 16-Bit-Wörter aufzeichnen, wenn man auf die Q-Parität verzichtet und dafür ein Supplementwort S aus den Bits 15 und 16 der Datenwörter sowie der P-Parität bildet

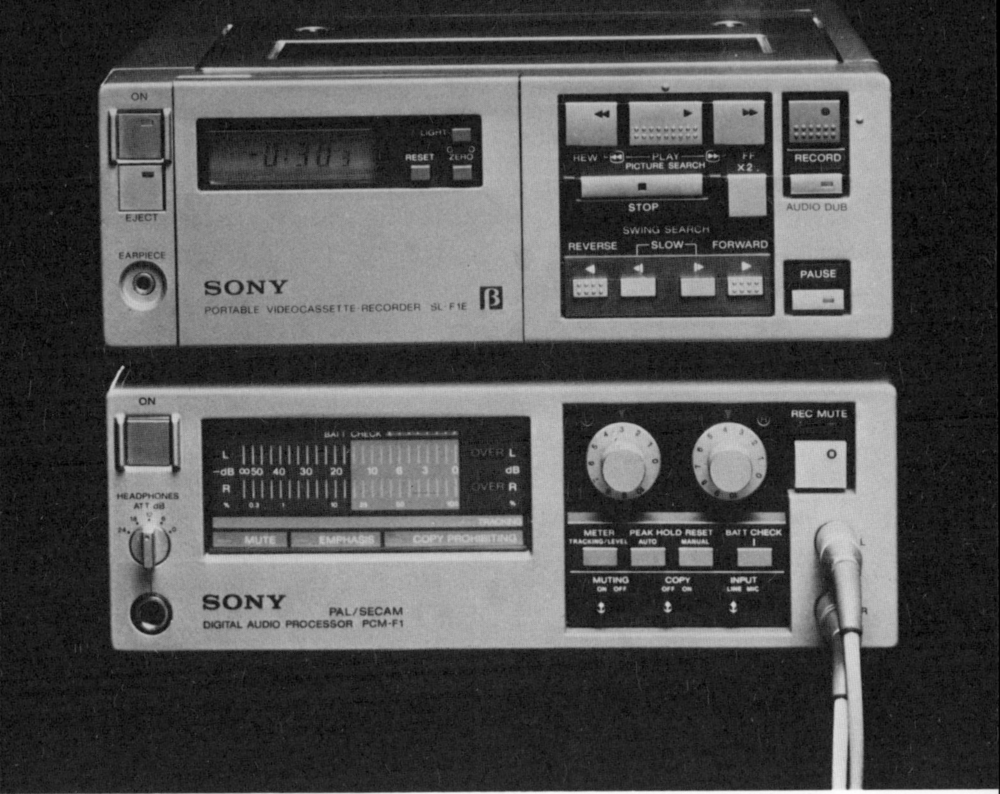

Abb. 3.8.2 PCM-Adapter PCM-F1 (unten) und dazu passender Betamaxrecorder SL-F1. Beide Geräte sind auch netzunabhängig zu betreiben

Oberfläche aufweisen, Bündelfehler größerer Ausdehnung immer weniger auf. Daneben wird bei Doppelnutzung eines Videorecorders für PCM- und Video-Betrieb oft übersehen, daß der für die Bildaufzeichnung so nützliche Drop-Out-Kompensator, der bei plötzlichem Absinken des FM-Pegels die vorangegangene Zeile als Ersatz für den Bildinhalt benutzt, in der digitalen Aufzeichnung nur schadet, weil er hier die Interleaving-Struktur völlig durcheinander bringt. Bereits durch Außerbetrieb-setzen des Drop-Out-Kompensators ist demnach eine deutliche Verbesserung des Korrekturverhaltens bzw. der Fehlerhäufigkeit zu erreichen.

Für den Gebrauch zusammen mit dem Adapter PCM-F1 wird vom Hersteller der tragbare Betamaxrecorder SL-F1 empfohlen *(Abb. 3.8.2)*. Dieser

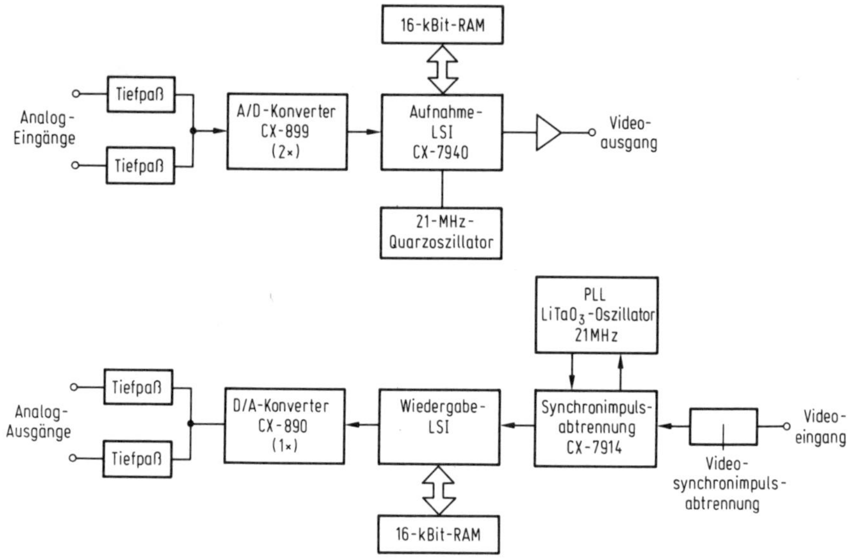

Abb. 3.8.3 Blockschaltbild des Adapters PCM-F1

besitzt an seiner Rückseite einen Mehrfachstecker mit Kontakten für die automatische Abschaltung des Drop-Out-Kompensators bei PCM-Betrieb.

Die A/D- und D/A-Konverter gehören zu einer Serie von LSIs, die Sony für den Gebrauch im PCM-Prozessor, im CD-Abspielgerät sowie in professionellen digitalen Mehrkanalmaschinen entwickelte. *Abb. 3.8.3* zeigt die Blockschaltung des Adapters PCM-F1. Während für die A/D-Wandlung zwei Konverter benötigt werden, genügt für die Wiedergabe ein D/A-Konverterbaustein. Die PLL-Schaltung im Wiedergabezweig enthält einen Lithium-Tantal-Oszillator mit einer Taktfrequenz von 21 MHz in der NTSC-Ausführung.

Elektronischer Schnitt im EIA-J-Format

Die Interleaving-Blöcke gehen im EIA-J-Format über die Halbbilder bzw. Vollbilder hinaus. Aus diesem Grunde ist ein elektronischer Schnitt, der alte und neue Datensequenzen in der Vollbild-Austastlücke aneinanderfügt, nicht ohne größeren Aufwand möglich. Die notwendige Zwischenspeicherung be-

Tabelle 6. Aufzeichnungseinrichtungen nach dem Schrägspur-Prinzip (NTSC-Videosignal)

Hersteller	Sony	verschiedene (EIA-J-Format)	JVC	Sony	Denon (Nippon Columbia)
Bezeichnung des Prozessers	PCM-1 x)		BP-90	PCM-1600 x) PCM-1610 xx)	DN-035 R
Anzahl der Nf-Kanäle	2	2	2	2	4
Quantisierung	13 unglf.	14 gleichf. oder äquivalent	16 glf.	16 glf.	16
Kanalcode	NRZ frequenz-moduliert	NRZ frequenz-moduliert	NRZ frequenz-moduliert	NRZ frequenz-moduliert	
Abtastfrequenz kHz	44,056	44,056/44,1	44,056/44,1	44,056/44,1	44,1
Datenrate (MBit/s)	1,764	2,64	3,084	3,58	
lineare Aufzeichnungsdichte (kBit/Inch)	6,43	9,62	7,61	8,83	
Spurendichte (Spuren/Inch)	868	868	185	185	(U-matic)
Flächen-Aufzeichnungsdichte (kBit/Inch²)	5580	8350	1410	1640	
Redundanz %	35	54,3	44,4	60	
Fehlerschutz	CRCC, Interleaving,	CRCC, Interleaving, b-Adjacent,	CRCC, Interleaving, Triple Error Corr. Code	CRCC, Interleaving, Cross word,	
Recordertyp	Betamax/ U-matic	beliebige Heim-Videorecorder	U-matic	U-matic	U-matic

x) Fertigung ausgelaufen; xx) als Mastering-Einrichtung für die Compact Disc empfohlen

dingt zusammen mit der Ablaufsteuerung für die Recorder ein spezielles Schnittsteuergerät, das vom Preis her einstweilen nur professionellen Anwendungen vorbehalten sein dürfte. Daher läßt sich auch ein Video-Editor nicht für die Bearbeitung von EIA-J-Programmen einsetzen.

Einige Aufzeichnungseinrichtungen nach dem Schrägspur-Prinzip und ihre technischen Daten nennt *Tabelle 6*.

3.9 Digitalaufzeichnung nach dem Longitudinal-Prinzip

Die Nutzungsvorteile der digitalen Signalaufzeichnung auf Recordern mit feststehenden Köpfen gegenüber der auf Schrägspur-Recordern lassen sich in wenigen Punkten zusammenfassen:

- Die Bedienung der Geräte ist der von konventionellen analogen Tonbandmaschinen sehr ähnlich. Sie erfordert daher nur geringe Umstellung.
- Einige Systeme erlauben mechanischen Schnitt, der den Zeitaufwand für die Programm-Editierung verringern kann, wenn auch die künstlerisch-technischen Möglichkeiten nicht an die des elektronischen Schnittes heranreichen.
- Die Hochlaufzeit entspricht der analoger Geräte.
- Hinterbandkontrolle der Aufzeichnung ist möglich.
- Nur die Längsaufzeichnung gestattet Einzelzugriff zu den Kanälen und damit die üblichen Betriebsarten der Mehrkanaltechnik wie programmiertes Spuren-Umsteigen und Playback-Synchronisation.
- Das Prinzip erlaubt Tonhöhenveränderung.

Diesen ausgesprochenen positiven Aspekten stehen einige nachteilige gegenüber, die sich nur mit entsprechenden Konstruktionsmaßnahmen beheben lassen und sich deutlich im Preis niederschlagen:

- Bandaufzeichnungen auf Longitudinal-Recordern mit offenen Spulenwickeln sind Umwelteinflüssen und mechanischen Beschädigungen weit stärker ausgesetzt als Kassettenbänder; der Aufwand für die Datensicherung ist deshalb höher.
- Da keine Großserien-Bandtransportmechanik verwendet werden kann, sind spezielle Laufwerkausführungen erforderlich.

Im übrigen ist bisher keine Standardisierung abzusehen.

Tabelle 7. Professionelle digitale Magnetbandgeräte mit Längsaufzeichnung
Stand: Frühjahr 1982

Hersteller	3 M		Mitsubishi		Matsushita	Sony		Sound-stream	Denon
Bezeichnung			X-80	X-800	x)	PCM-3324		xx)	DN-2000 R xx)
Anzahl der Nf-Kanäle	4	32	2	32	4	24		max. 8	2
Magnetband-breite (Zoll)	1/2	1	1/4	1	1/4	1/2		1	1/4
Bandgeschwin-digkeit (cm/s)	114,3		38,1	76,2	38,1	69,9	72,5	76,2	38,1
Abtastfrequenz (kHz)	50,0		50,4		50,4	44,1	48,0	50,0	44,1/50,4
Quantigierung (Bit)	16-Bit-Äquivalent		16		16	16		16	16
Lineare Auf-zeichnungs-dichte (kBit/Inch)	28		20,24		20,16	40,32			
Spurendichte (Spuren/Inch)	32		32	40	32	48			
Flächen-Auf-zeichnungs-dichte (kBit/Inch²)	896		647		645	1935			
Redundanz (%)	36		35,4		33	33			
Fehlerschutz	CRCC, Interleaving Erasure		CRCC, b-Adjacent Interleaving		CRCC, Erasure	CRCC, Cross-Interleave			
Kanalcode	MFM		MFM		MFM	HDM-1			
Spielzeit (min)	30		60		60	68	63	30	60
mechan. Schnitt	nein		ja		ja	ja		nein	

Anmerkung: Für den Fall einer Standardisierung der Abtast-Frequenzen 44,1 kHz und/oder 48 kHz haben verschiedene Hersteller die Bereitschaft zur entsprechenden Anpassung ihrer Geräte angedeutet.

x) Prototyp; xx) keine industrielle Fertigung

Hersteller	Nf-Kanäle	Bandfläche je Nf-Kanal und Stunde Spieldauer (cm²)
Denon	2	41.148,0
3M	4	130.644,9
3M	32	32.661,2
Matsushita	4	20.574,0
Mitsubishi	2	41.148,0
Mitsubishi	32	21.774,2
Sony	24	13.316,0 ×) 13.811,3 ××)
Soundstream	8	87.096,6

×) Abtastfrequenz 44,1 kHz
××) Abtastfrequenz 48,0 kHz

Abb. 3.9.1 Flächenbezogener Bandverbrauch von Longitudinal-Recordern verschiedener Hersteller

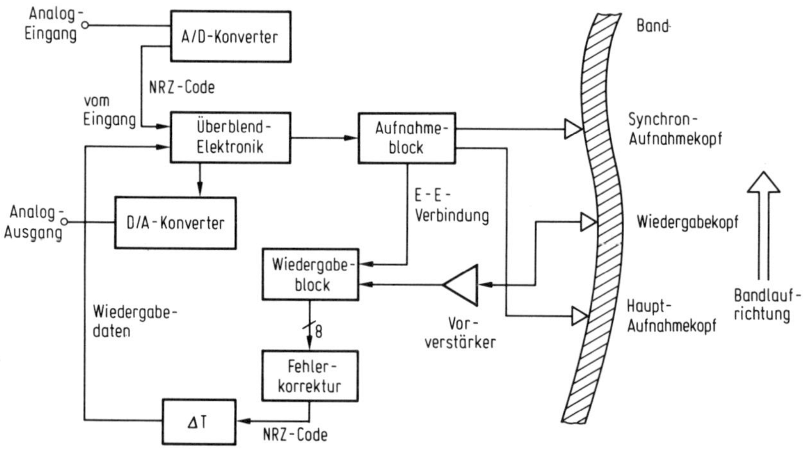

Abb. 3.9.2 Blockschaltbild der 4-Kanal-Masteringmaschine von 3M

Einige digitale Magnetbandgeräte mit Längsaufzeichnung und ihre Daten nennt *Tabelle 7;* darunter sind – abgesehen von den Einrichtungen der Firmen Soundstream und Denon – serienmäßige Ausführungen bisher von 3 M, Mitsubishi und Sony bekannt. Welche Unterschiede zwischen den Systemen allein im flächenbezogenen Bandverbrauch vorhanden sind, läßt sich aus den Angaben in Tabelle 7 umrechnen; dabei wurden nur die Nf-Nutzkanäle ohne Hilfsspuren, Spurrasen usw. berücksichtigt. Die Ergebnisse zeigt *Abb. 3.9.1;* sie lassen allerdings kaum Rückschlüsse auf die tatsächlichen Bandkosten zu.

Die elektroakustischen Daten der Longitudinalrecorder entsprechen dem allgemein hohen Qualitätsniveau der digitalen Technik, deshalb soll darauf nicht weiter eingegangen werden. Innerhalb der einzelnen Systeme zeigen sich praxisbezogene Unterschiede u.a. im Konzept für die Schnittbearbeitung.

Das Aufnahmesystem von 3 M besteht aus einer 32-Kanal- und einer 4-Kanal-Maschine. Letztere dient als Zwischenspeicher innerhalb des elektronischen Schnittbearbeitungssystems und als Mastering-Maschine bei der Mehrkanal-Abmischung. Die Blockschaltung des 4-Kanal-Recorders zeigt *Abb. 3.9.2.*

Die dargestellte Kopfanordnung ist typisch für die Möglichkeiten der digitalen Signalverarbeitung; sie besteht aus einem Haupt-Aufnahmekopf für direkte Hinterbandkontrolle bei der Aufnahme, dem Wiedergabekopf sowie dem Synchron-Aufnahmekopf. Dieser tritt dann in Funktion, wenn ein bereits bespieltes Band über den Wiedergabekopf abgehört wird, und an einer definierten Bandposition ein Umstieg in die Aufnahmebetriebsart erfolgen soll.

Der Vorgang stellt hohe Anforderungen an die Maschinenpräzision. Die Verzögerungen durch den Abstand zwischen Wiedergabe- und Synchronkopf sowie die systembedingten Verzögerungen werden durch die digitale Verzögerung Δ T kompensiert; sie beträgt etwa 120 μs. Im Gegensatz zur analogen Mehrkanaltechnik sind Wiedergabe- und Aufnahmesignale hier völlig getrennt.

Beim Aufnahme-Einstieg (Punch-In) spielt die Überblendelektronik eine entscheidende Rolle. Sie blendet die wiedergegebenen Signale aus und gleichzeitig die neu aufzunehmende Information ein; dabei erfolgen beide Vorgänge ausschließlich in der digitalen Ebene. Den zeitlichen Bezug des Ablaufs liefert eine Zeitcode-Spur. Die Überblendzeit beträgt max. 10 ms.

Von Vorteil wirkt sich dabei aus, daß zur Aufzeichnung der Datenimpulse (als Kanalcode wird hier Delay-Modulation eingesetzt) keinerlei Vormagnetisierung nötig ist; die alte Information wird einfach überfahren. Durch den ausschließlichen Einsatz des elektronischen Schnittes ergeben sich Vorteile in der Datenformatierung, da auf einen erhöhten Fehlerschutz um den Schnittpunkt herum und Maßnahmen gegen Verlust der Synchronimpulsphasen, wie er beim mechanischen Schnitt notwendig wird, verzichtet werden kann.

Die Rundfunkanstalten beschäftigten sich schon sehr früh mit der digitalen Tonaufzeichnung. Dieses Bild einer Versuchsanlage zum Abspielen einer digitalen Aufnahme in einer Senderegie des Bayerischen Rundfunks stammt aus dem Jahre 1978

3.10 Anforderungen an die Laufwerk-Präzision

Die Ansicht, daß die Präzision des Bandtransports eines digitalen Aufnahmegerätes keine wesentliche Rolle spielt, weil auf jeden Fall eine Zeitbasis-Korrektur erfolgen muß, und Gleichlaufschwankungen bzw. Jitter die Wiedergabe somit nicht beeinträchtigen können, trifft in der Praxis aufgrund weiterer Einflußgrößen nicht zu.

Bei den zum Einsatz üblichen Bandtypen mit einer Dicke von 25 µm ... 35 µm sind Bandzugspitzen, die zur bleibenden Dehnung des Bandes führen können, sorgfältig zu vermeiden. Dies gilt bei Maschinen, die mechanischen Schnitt erlauben besonders für Klebestellen, die durch den Bandzug so auseinandergezogen werden können, daß ein normalerweise von der Fehlerkorrektur bzw. Verdeckung abgefangener Datenverlust zu einem Signalausfall führt.

Ein weiterer Punkt betrifft die Austauschbarkeit von bespielten Bändern, die mit unterschiedlichen Maschinen aufgenommen wurden. Da die Breite der Digitalspuren sich in der Größenordnung von einigen 100 µm bewegt, beeinflussen Toleranzen in der Bandführung sowie innerhalb der Köpfe die absolute Spurgenauigkeit.

Alle mechanischen Toleranzen zusammen wirken sich beim Punch-In- bzw. Punch-Out-Betrieb aus, weil dabei alte und neue Daten, u.U. von un-

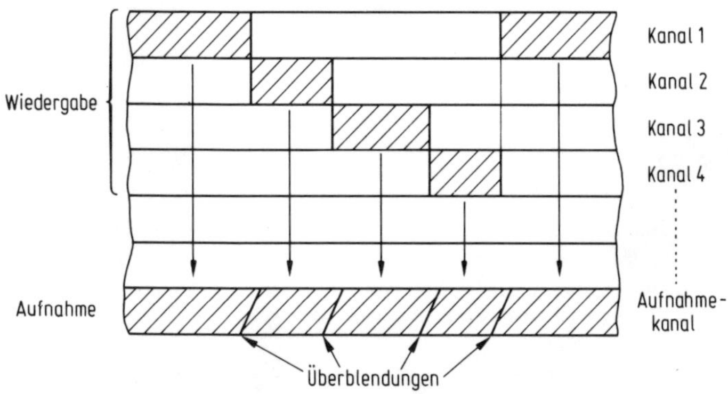

Abb. 3.10.1 Sequential Punching ist ein Kopiervorgang in der digitalen Ebene, bei dem einzelne, auf verschiedene Spuren aufgenommene Takes auf einer neuen Spur assembliert werden. Die Nahtstellen können innerhalb des Programms liegen, da eine Überblendung erfolgt

Abb. 3.10.2 PCM-Magnettongerät MX-80 (Werkbild Telefunken)

terschiedlichen Maschinen stammend, aneinanderstoßen und der Umsteigevorgang gewöhnlich sehr oft wiederholt wird.

Ebenfalls hohe Anforderungen an Maschinenpräzision und der Servoelektronik stellt das sog. Sequential Punching *(Abb. 3.10.1.)* Dabei kopiert man mehrere Einzeltakes, die durch Playback-Synchronisation entstanden sind und sich auf verschiedenen Spuren befinden, lückenlos und stoßfrei nacheinander auf eine Spur.

Diese Art von „Pre-Mixdown-Editing" dürfte sich im Studiobetrieb bei allen Maschinentypen, die einen solchen Vorgang erlauben, schnell durchsetzen. Es entsteht keinerlei Qualitätsverlust, da der Kopiervorgang ausschließlich in der digitalen Ebene abläuft.

Der zweikanalige PCM-Masterrecorder MX-80 *(Abb. 3.10.2)* von Telefunken/-Mitsubishi erlaubt mechanischen Bandschnitt; eine elektronische Schnittsteuerung ist in Vorbereitung.

Die Schnittpunktsuche erfolgt bei diesem Gerät wie bei analogen Maschinen durch Abhören der Analogspur. Sie enthält die gleichen Informationen wie die Digitalspuren und ist an den Bandrändern angeordnet. Durch Hin- und Herbewegen der Spulen vor dem Hörkopf läßt sich der Schnittpunkt genau bestimmen.

Die Möglichkeit des mechanischen Schnittes hat seine Auswirkungen sowohl auf das Konzept für die Laufwerk-Servoelektronik als auch auf die Fehlerschutzmaßnahmen; dabei sind zwei Probleme zu lösen:

1. Eine willkürliche Unterbrechung der Bitfolge läßt die Synchronisation und damit die Servoimpulse zeitweilig gerade dort ausfallen bzw. Phasensprünge ausführen, wo ein glatter Signalübergang notwendig ist.
2. Pegel- und Phasenunterschiede des Nutzsignals am Schnittpunkt können hörbare Effekte verursachen.

Um die Störungen der Servoimpulsphasen zu beseitigen, erzeugt man drei weitere Sub-Servopulsfolgen *(Abb. 3.10.3)*, deren Phasen um 120° gegeneinander versetzt sind. Im Normalfall dient nur eine der Impulsfolgen zur Steuerung der Servo-Referenz für den Tonmotor. Unmittelbar vor dem Schnitt wird diejenige Impulsfolge ausgewählt, deren Phase am besten mit der Servo-Referenz übereinstimmt; sie stellt dann die neue Steuerimpulsfolge dar. Diese Maßnahme bewirkt, daß die Servoregelung nach dem Schnitt keine Unterbrechung durch die PLL-Stufe erfährt, denn der Phasenunterschied zwischen zwei Impulsfolgen kann nicht größer als ± 60° sein; er wird durch die PLL-Schaltung ausgeregelt.

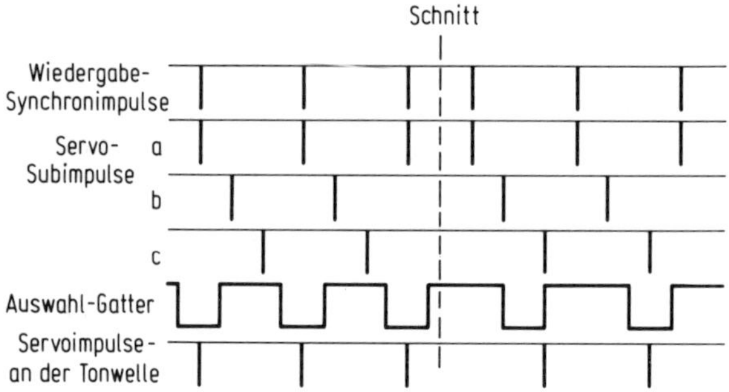

Abb. 3.10.3 Durch Ableitung mehrerer um 60° versetzter Servo-Subimpulse aus den Wiedergabe-Synchronimpulsen läßt sich der Phasensprung im Schnittpunkt verringern

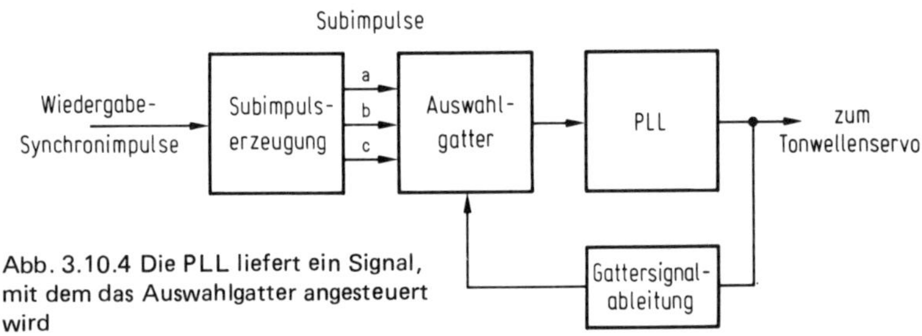

Abb. 3.10.4 Die PLL liefert ein Signal, mit dem das Auswahlgatter angesteuert wird

Abb. 3.10.4 zeigt den Aufbau des Impulsauswahl-Gatters. Eine PLL-Schaltung mit großer Lock-In-Zeitkonstante wird von den Wiedergabe-Servoimpulsen angesteuert; der Oszillatorausgang wiederum treibt das Selektionsgatter. Selbst bei großen, durch den Schnitt ausgelösten Phasensprüngen bleibt die Servophase somit für kurze Zeit die gleiche wie vor dem Schnitt; danach wird die Impulsfolge mit der kleinsten Phasendifferenz ausgewählt [18].

Mit Hilfe der Semi-Separate-Anordnung, bei der Nutzdaten und Paritätswörter senkrecht über die gesamte Breite des Magnetbandes verteilt sind, läßt sich auf einfache Weise ein Signal zur Erkennung eines mechanischen Schnittes ableiten. Dies geschieht durch den CRC-Code: Stellt er einen Fehler in jeder der Spuren fest, dann bewegt sich am Wiedergabekopf gerade ein Schnitt vorbei. Die Signalrestaurierung erfolgt auf zwei Arten:

1. Wurde das Band vor der Aufnahme bereits geschnitten, wie es bei einer Wiederbenutzung der Fall sein kann, so sind die neuen Daten durch die Codespreizung so verteilt, daß nur zwei Spuren (von acht) größere Fehler aufweisen; diese lassen sich korrigieren.

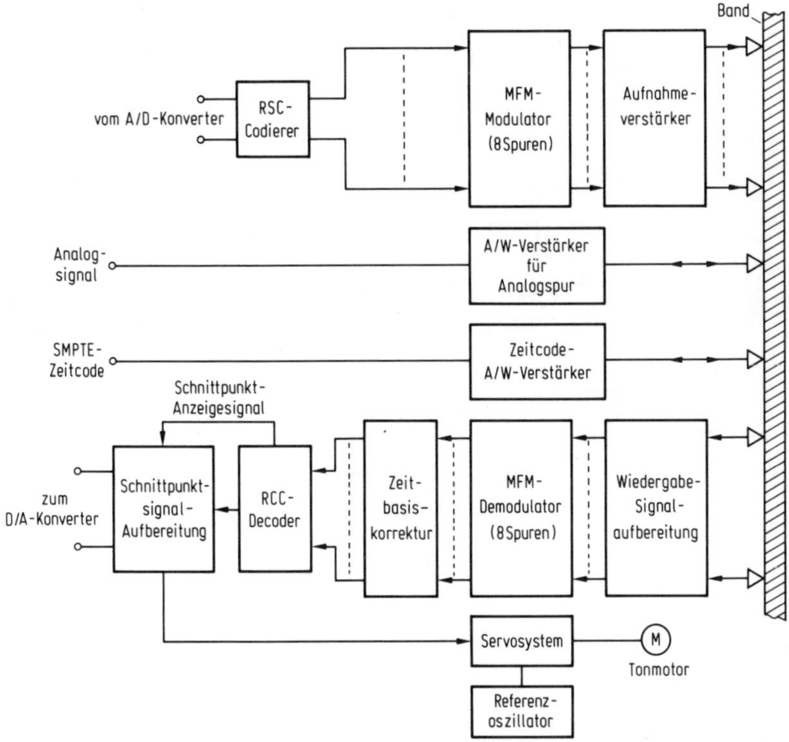

Abb. 3.10.5 Vereinfachtes Blockschaltbild des Zweikanal-Masterrecorders MX-80 von Telefunken/Mitsubishi

2. Folgen an der Schnittstelle unterschiedliche Daten, so sind alle acht Spuren durch Fehler beeinträchtigt. Ist die Korrekturkapazität überschritten, setzt Interpolation ein. Das vom CRC-Code abgeleitete Erkennungssignal löst dann eine Datenüberblendung im Schnittpunkt aus. Die Blockschaltung des Recorders MX-80 zeigt *Abb. 3.10.5.*

Die 24-Kanal-Maschine PCM-3324 *(Abb. 3.10.6)* von Sony läßt neben dem mechanischen Schnitt auch die elektronische Schnittbearbeitung zu. Der Recorder gehört zu einer mehrere Ausführungen umfassenden Formatfamilie, der sich mehrere Hersteller angeschlossen haben; *Tabelle 8* nennt wichtige Kenngrößen. Im Format A ist jedem Nf-Kanal eine Digitalspur zugeordnet.

Abb. 3.10.6 Digitale 24-Kanalmaschine PCM-3324 (Werkbild Sony)

Tabelle 8. Digitalrecorder mit Longitudinalaufzeichnung im Sony-Studer-MCI-Format

Format	A			B			C
Anzahl der NF-Kanäle	8	24	48	2 od. 4	12	24	2
Magnetband-Breite (Zoll)	1/4	1/2	1	1/4	1/2	1	1/4
Digitalspuren je NF-Kanal	1			2			4
Bandgeschwindigkeit (bezogen auf 50,4 kHz Abtastfrequenz)	76,2 cm/s			38,1 cm/s			19,05 cm/s
Abtastfrequenz	44,1 kHz; 48,0 kHz						
Quantisierung	16bit gleichförmig, Zweierkomplementcodierung						
Kanalcode (Modulation)	HDM-1						
Fehlerkorrektur	CRCC und Cross Interleave						

Datenformat (Band)

1 Codeblock	=	1 Synchron-Wort + 2 x (6 Datenwörter + 2 Paritätswörter) + 1 CRCC-Wort	
Datenbits	=	16bit x 12 Wörter =	192bit
Paritätsbits	=	16bit x 4 Wörter =	64bit (2 P-Wörter; 2 Q-Wörter)
CRCC	=		16bit
Synchronisationsbits	=		16bit
			288bit je Block

Neben den 24 Spuren für die Nutzinformation sind zwei Analogspuren, eine Zeitcode- sowie eine Steuerimpuls-Spur vorhanden. Diese enthält außer dem Steuerwort mit allgemeinen Formatangaben und Identifikation der Abtastfrequenz zusätzlich eine Sektoradresse, mit der sich programmierte Arbeitsvorgänge wie z.B. Punch-In unabhängig von der Zeitcodespur durchführen lassen. Die Datenaufteilung zeigt *Abb. 3.10.7.*

Mechanischer Schnitt mit nur einer Datenspur pro Nf-Kanal stellt hohe Anforderungen an die Fehlerschutzstrategie. Da gerade und ungerade Datenwörter Paritätswörter haben und verschiedene Interleavingabstände aufwei-

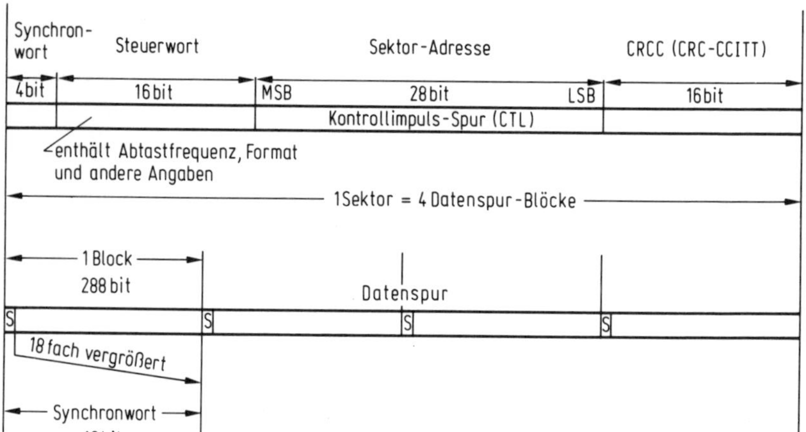

Abb. 3.10.7 Datenaufteilung der Kontrollimpuls-Spur

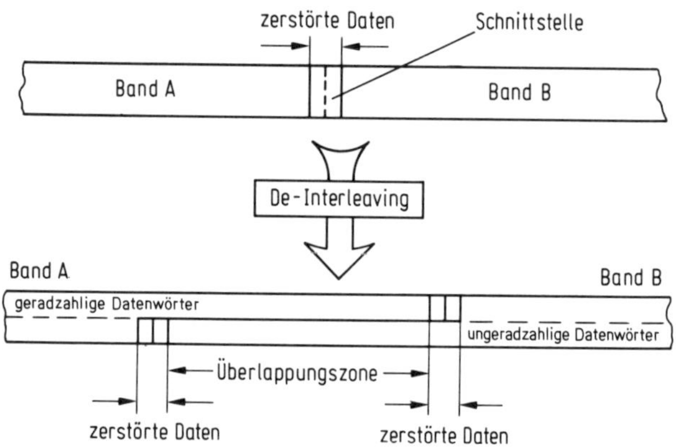

Abb. 3.10.8 Durch das Interleaving zwischen geradzahligen und ungeradzahligen Datenwörtern verteilt sich die beim Schnitt zerstörte Datenzone nach dem De-Interleaving so, daß ein Überlappungsbereich entsteht. Dieser kann für die Fehlerkorrektur genutzt werden

sen, werden die Fehlerbursts in Pseudo-Zufallsfehler umgesetzt *(Abb. 3.10.8)*. Die Übergangszone läßt sich zur Datenüberblendung einsetzen, dabei betragen die Überblendzeiten bei mechanischem Schnitt etwa 5 ms.

Die Maschine besitzt einen andruckrollenlosen Antrieb *(Abb. 3.10.9)*, wobei alle Motoren über ein digitales Servosystem verkoppelt sind. Durch

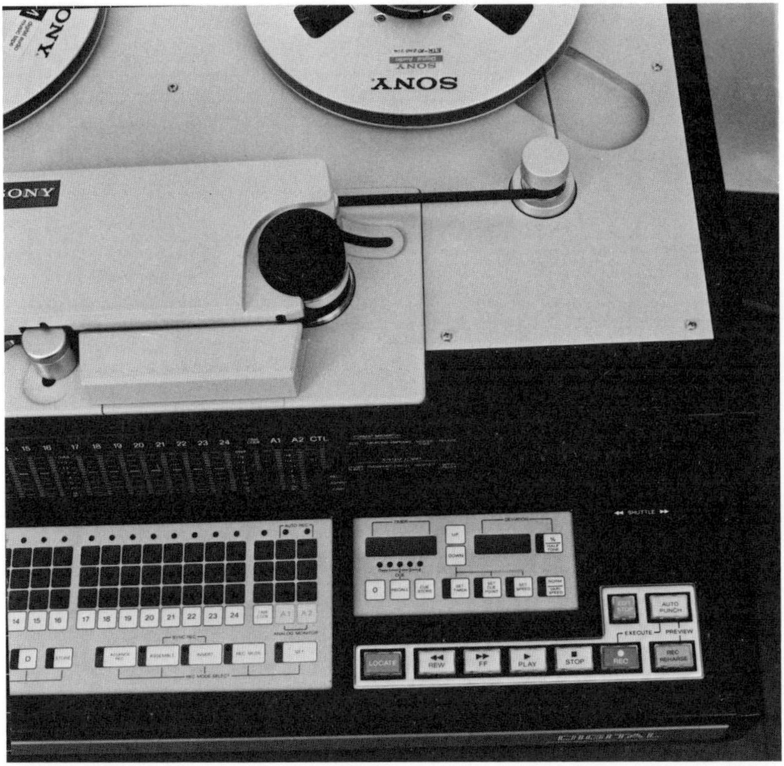

Abb. 3.10.9 Andruckrollenloser Bandtransport der digitalen 24-Kanalmaschine PCM-3324

Drehen der Tonwelle mit der Hand können die Analogspuren abgehört werden. Da bei 24 digitalen Spuren eine Auswahl getroffen werden muß, welche Spur für den Schnitt als Referenz gelten soll, lassen sich zwei ausgewählte Spuren im sog. Auto-Editverfahren in einem Bereich von fünf Sekunden um den geplanten Schnitt auf die Analogspuren kopieren.

Trotz der hohen Aufzeichnungsdichte ist ein in der Praxis funktionierender Fehlerschutz möglich, wenn die entsprechenden Schutzzonen beachtet werden; dabei ist zwischen guter Fehlerkorrektur, Korrektur und Verdeckung sowie mäßiger Verdeckung als Notmaßnahme zu unterscheiden. Die Wirkung des Fehlerschutzes bei der Mehrkanalmaschine PCM-3324 zeigt *Abb. 3.10.10.*

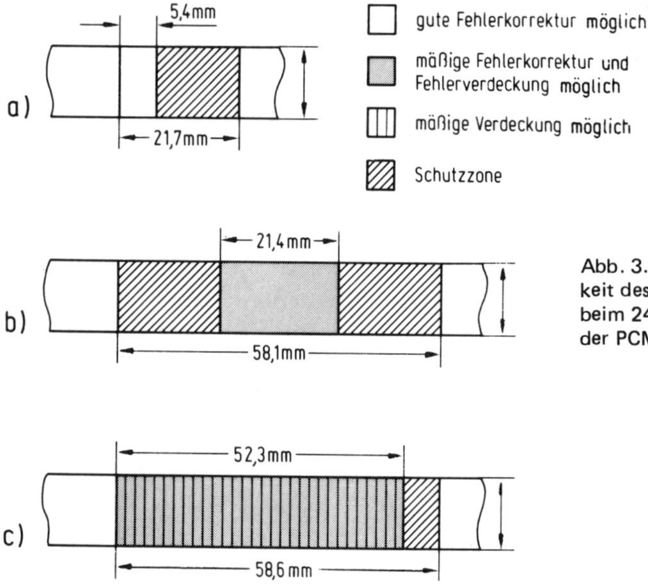

Abb. 3.10.10 Wirksamkeit des Fehlerschutzes beim 24-Kanal-Recorder PCM-3324

Zweifellos eröffnet der elektronische Schnitt weitaus größere Möglichkeiten in künstlerisch-technischer Hinsicht; die Überblendzeiten sind in diesem Falle von 1,75 ms bis 375 ms regelbar, daneben lassen sich mit Hilfe von Speichern auch Schnittpunktverschiebungen durchführen.

3.11 Digitale Schnittstellen für Audiosignale

Bisherige Applikationen der digitalen Audiotechnik und besonders die PCM-Aufzeichnung sind immer noch digitale Inseln in einem Meer von Analoggeräten. Dieses Bild dürfte sich jedoch bald ändern, weil erst eine Vernetzung die hohen Investitionen für digitale Einrichtungen im professionellen Bereich (Rundfunkanstalten, Mastering-Studios für digitale Tonträger) rechtfertigen kann.

Die Festlegung einer Standardschnittstelle für digitale Audiosignale bedeutet einen Schritt in diese Richtung. Es gibt bereits mehrere Vorschläge sowohl von der Seite der Industrie als auch von öffentlichen Institutionen wie z.B. der EBU; sie weisen zwar einige Unterschiede auf, sind aber nicht völlig konträr [20] [21].

Nach einer Reihe von Diskussionen innerhalb des Technischen Komitees der Audio Engineering Society (AES) scheinen sich folgende Merkmale herauszustellen:

1. Die Schnittstelle ist nicht zur Übermittlung von Fernsteuersignalen für Audiogeräte gedacht.

2. Es erfolgt eine serielle Übertragung einer geringen Anzahl von Kanälen (etwa 1 . . . 4), wobei der Kanalcode gleichspannungsfrei sein muß, um eine Transformator-Kopplung sowie zuverlässige Impulserkennung in elektrischen und optischen Systemen zu ermöglichen. Gleichzeitig wird ein polaritätsfreier Code vorgeschlagen, da dann eine Übertragung mit verdrillten Adern möglich ist.

3. Das Wortformat soll so aufgeteilt sein, daß der Nutzdatenbereich zur Übertragung von Hilfsinformationen dienen kann.

Nach einem gemeinsamen Vorschlag von Studer und Sony könnte sich ein Datenwort zusammensetzen, wie in *Abb. 3.11.1* gezeigt. Von den 24 Datenbits lassen sich vier Bits als Zusatzkanal für Kommentare oder zur Übermittlung von Abmischdaten verwenden; daneben sind Bitzellen für Fehlerkorrektur, alphanumerische Daten und den Kanalstatus vorhanden. Letzterer informiert den Empfänger über die Quelle, das Ziel, Art der Vorentzerrung, den Kanalindex etc.; dafür genügt ein relativ langsam vor sich gehender

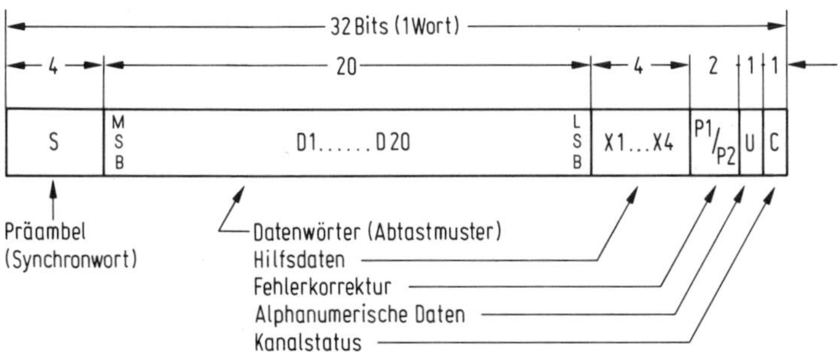

Ab. 3.11.1 Vorschlag eines Schnittstellenformats für digitale Audiosignale

Informationswechsel, so daß die Statusbits nur einmal je Block (die Blocklänge ist noch nicht festgelegt) übertragen werden müssen.

Als Kanalcode für die Schnittstelle wird Biphase Mark (Bi-Φ-M) vorgeschlagen; er ist dadurch gekennzeichnet, daß sich jedes Datenbit auf zwei Bitzellen aufteilt und ein Übergang in der Mitte der Bitzelle den High-Status markiert.

Die EBU (European Broadcasting Union) hat allerdings einige Änderungswünsche zu den Vorschlägen; sie möchte u.a. eine Ergänzung des Schnittstellenformates durch Zeitcode-Informationen [22].

Die Frage der Abtastfrequenz kann im Zusammenhang mit dem Schnittstellenstandard ausgeklammert werden, da dieses sich leicht auf die wenigen diskutierten Abtastraten einstellen läßt.

3.12 Digitale Tonbearbeitung

Im Tonstudio lassen sich digitale Einrichtungen zunächst dort vorteilhaft einsetzen, wo konventionelle Signalbearbeitungsvorgänge wie Filterung, Begrenzung, Kompression, Pegelregelung, Mischung, Verteilung etc. abgelöst werden sollen. Dabei kommen alle Vorzüge der digitalen Signalbehandlung (Klirrarmut, großer Dynamikumfang, geringste Phasenfehler, beliebige Filterparameter, keine Akkumulation von Zeitfehlern) unmittelbar zur Geltung. Doch dies allein würde den gegenwärtig noch hohen Hardware-Aufwand für digitale Techniken nicht gerechtfertigen; ein digitales Studiosystem ist erst dann einem analogen in jeder Hinsicht überlegen, wenn seine inherenten Möglichkeiten für die Signalübertragung vom und in das Studio, zur Vereinfachung der Bedienungsabläufe, zur Verbesserung der Ergonomie und für die Automatisierung voll genutzt werden.

Weitere Aspekte, die sich bei der digitalen Signalbearbeitung eröffnen, sind:

- Ersatz der Nf-Verkabelung durch Glasfaserkabel (Bitrate ca. 25 MBits/s) und damit störunanfällige Übertragung
- unmittelbarer Anschluß von digitaler Peripherie
- neue Features, z.B. separate, feineinstellbare Zeitverzögerung in jedem Mikrofonkanal zum Ausgleich von Mikrofon-Laufzeiten

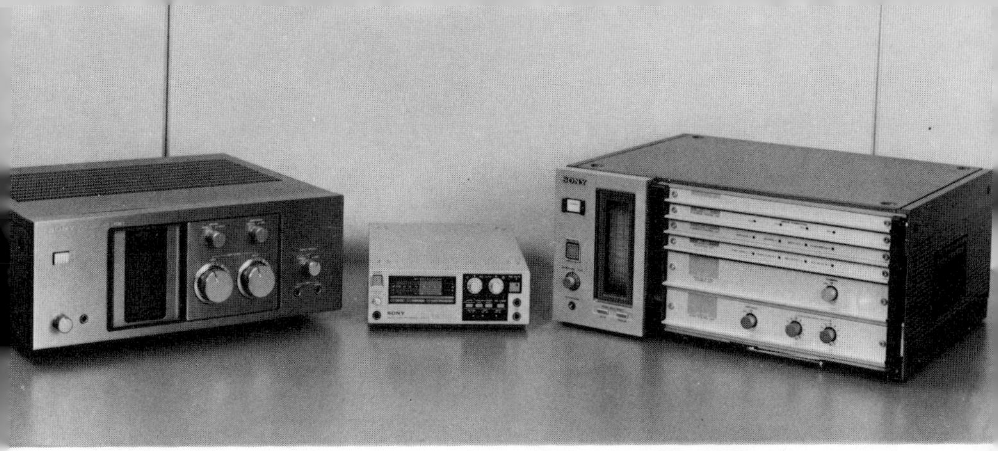

Drei Generationen von PCM-Adaptern für die digitale Tonaufzeichnung: PCM-1 mit 12-Bit-Quantisierung (links); PCM-10 mit 13+1-Bit-Quantisierung (rechts) und PCM-F1, ein Adapter im EIA-J-Format mit VLSI und schaltbarer 16-Bit-Quantisierung

- mit hoher Genauigkeit reproduzierbare bzw. speicherbare Bearbeitungsparameter
- störeffektfreie Eingriffe in die Dynamikstruktur (Kompression, Begrenzung) mit Veränderung der Frequenzabhängigkeit des Übertragungsmaßes in der Regelstrecke
- totale Fernbedienung, d.h. getrennte Anordnung von Bedienfeld und Elektronik
- Speicherung aller Mischpultfunktionen z.B. mit Floppy Disk
- neue Flexibilität für den Entwurf von Bearbeitungseinrichtungen nach Kundenwunsch durch Software-Veränderung

Bei der Umsetzung dieser Möglichkeit in die Praxis sind der Phantasie keine Grenzen gesetzt; Fachleute weisen allerdings besonders darauf hin, daß mit der Digitalisierung eine verbesserte ergonomische Gestaltung z.B. von Mischfeldern größeren Umfangs ebenfalls berücksichtigt werden sollte [23]. *Abb. 3.12.1* zeigt schematisch den Aufbau eines digitalen Mischpultes.

Die Vorstellungen gehen vom Konzept einer konventionellen Anordnung der vielen hundert Knöpfen, Schalter und Anzeigelampen bis zum Mischpult, dem erst per Betriebssoftware die Funktionen der wenigen Bedienungselemente zugeteilt werden, wobei sich ein Drehknopf z.B. als Panorama-, Lautstärke-, Zuspielregler, als Frequenzeinstellung für ein Präsenzfilter oder als Untersummen-Wahlschalter verwenden läßt.

Da die Funktionssteuerung durch einen oder mehrere Mikroprozessoren erfolgt und die digitale Einrichtung auf einer Busstruktur für Daten, Adres-

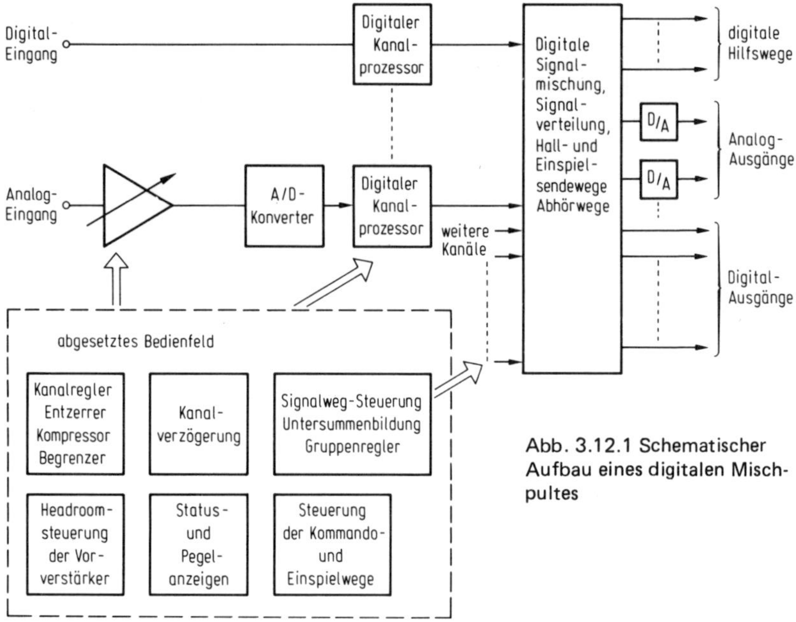

Abb. 3.12.1 Schematischer Aufbau eines digitalen Mischpultes

sen und Befehle aufgebaut sein muß, läßt sich ein Selbstdiagnose-Vorgang verwirklichen, der auch umfangreiche Systeme servicefreundlicher gestaltet.

Die Bearbeitungsstufen des digitalen Signals sind im Prinzip recht einfach; sie lassen sich in wenige Grundfunktionen einteilen. *Abb. 3.12.2a . . .f* zeigt ein 1-Bit-Speicherflipflop (a), ein 16-Bit-Schieberegister (b), einen Addierer (c), einen Multiplizierer (d), eine Überblendstufe (e) und eine Verzögerungsschaltung (f).

Digitale Filter lassen sich ebenfalls auf wenige Operationen wie Verzögerung, Multiplikation mit einem konstanten Koeffizienten und Addition zurückführen. *Abb. 3.12.3* zeigt den Aufbau eines sog. nichtrekursiven bzw. Finite-Impulse-Response (FIR-) Filters, das durch das Fehlen einer Ausgangsrückführung gekennzeichnet ist. Dagegen speisen rekursive bzw. Infinite-Impulse-Response-(IRR-)Filter wieder einen Teil des Ausgangssignals in den Summenpunkt ein und gestatten damit eine gewisse Verringerung des Bauelementeaufwands *(Abb. 3.12.4)*. Praktische Filterkonstruktionen lassen

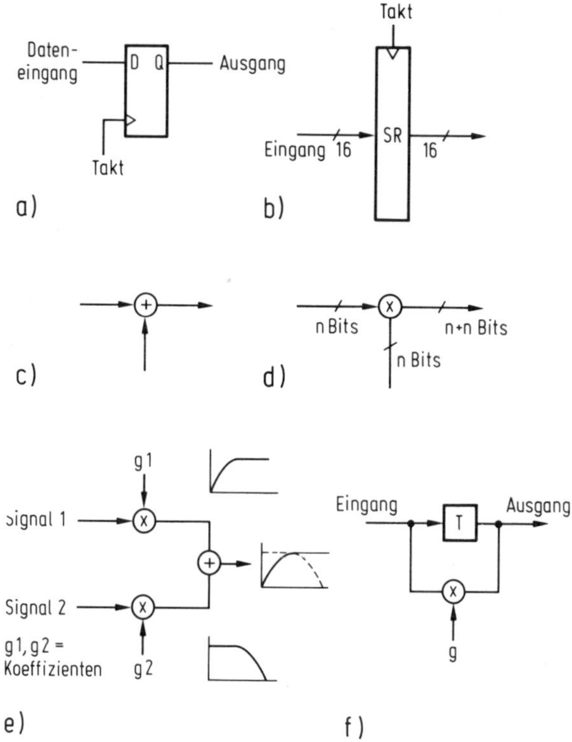

Abb. 3.12.2 Grundschaltungen digitaler Tonsignalverarbeitung und ihre Symbole.
a = Flipflop;
b = 16-Bit-Register;
c = Addierer;
d = Multiplizierer;
e = Überblender;
f = Verzögerungsstufe für Nachhallerzeugung

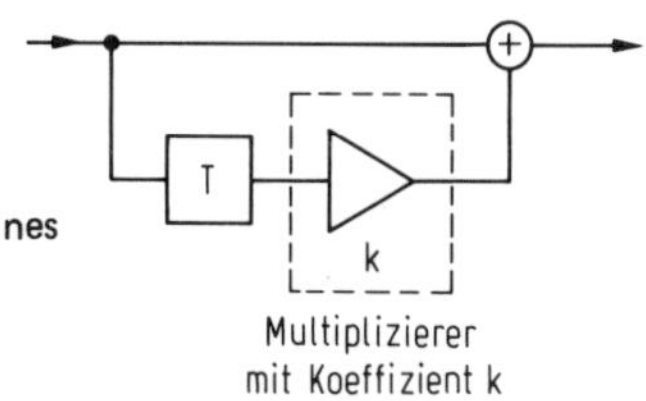

Abb. 3.12.3 Schematischer Aufbau eines FIR-Filters

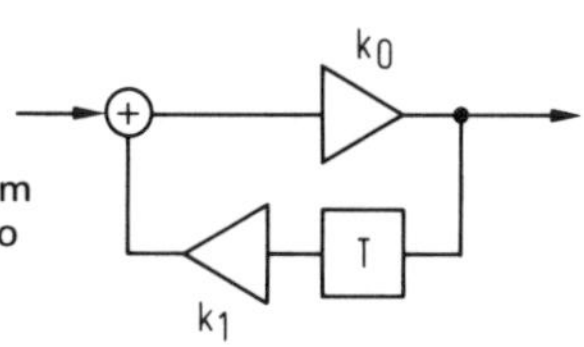

Abb. 3.12.4 Wird das Ausgangssignal zum Eingangssummenpunkt zurückgeführt, so entsteht das rekursive oder IIR-Filter

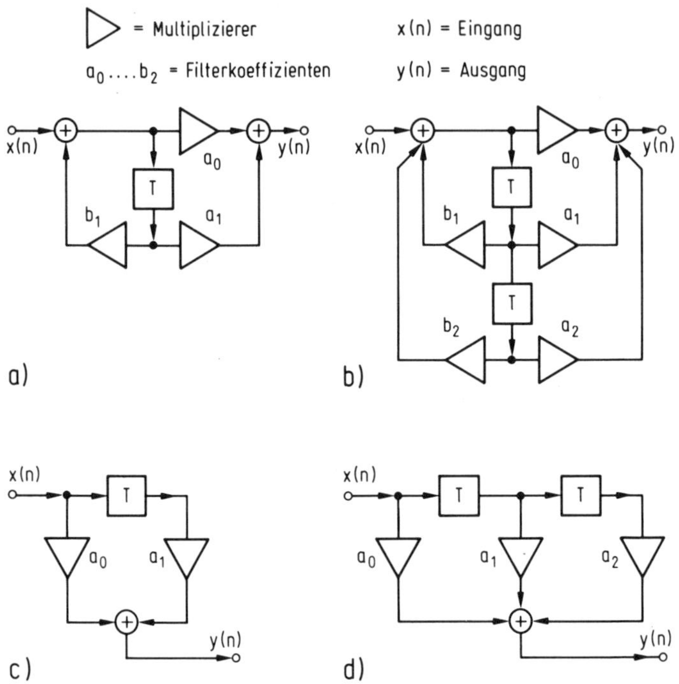

Abb. 3.12.5 Grundaufbau digitaler Filter. a) allgemeines Filter 1. Ordnung; b) allgemeines Filter 2. Ordnung; c) FIR-Filter mit linearer Phase und gerader Ordnungszahl; d) FIR-Filter mit linearer Phase und ungerader Ordnungszahl

sich je nach gewünschtem Filterverlauf aus kaskadierten oder parallelen Gruppen zusammensetzen; einige Basisanordnungen zeigt *Abb. 3.12.5a . . .d* [24].

Zwischen der Anzahl der notwendigen Multiplikationen und dem Filteraufbau besteht ein unmittelbarer Zusammenhang; bestimmte Filtereigenschaften sind nur durch schnelle Multiplizierer bzw. durch parallele Datenverarbeitung zu verwirklichen, da die Verarbeitungszeit stets kleiner sein muß als der zeitliche Abstand zweier Abtastmuster.

Der Umfang der notwendigen Rechenoperationen je Sekunde und Mischpultkanal steigt erheblich, wenn die bisher üblichen Klangbearbeitungsmethoden verlassen und neue Manipulationsebenen wie z.B. dynamische Verformung der Spektralanteile eines Signals (Spectral Warping) oder

Tabelle 9. Digitale Signalverarbeitung im Tonstudio und erforderliche Rechengeschwindigkeit je Kanal

– Mischung, Ein-, Ausblendung Panoramaeinstellung	0,1 MOp/s
– Entzerrung, Filterung	1,0 . . . 2,0 MOp/s
– Verhallung, Hall-Spezialeffekte, Kompression/Expansion Zeitmanipulation (Zeitbasisveränderung)	1,4 . . . 4,0 MOp/s
– Tonhöhenveränderung, Spectral Warping	40 MOp/s
– Klanganalyse/Synthese	100 MOp/s

Bildung neuer Klänge aus existierendem Klang- und Geräuschmaterial (Analyse/Synthese) eingeführt werden [25].

Die Zusammenhänge zwischen Signalbearbeitungsvorgang und Rechengeschwindigkeit nennt *Tab. 9.*

3.13 Ausblicke

Die zukünftigen Richtungen der digitalen Tontechnik werden von mehreren deutlich erkennbaren Faktoren bestimmt. Den größten Einfluß dürften zweifellos die Fortschritte der Halbleitertechnologie haben; Chips mit höherem Integrationsgrad lassen neue Aufzeichnungsgeräte wie z.B. digitale Kassettenrecorder in den Bereich des Möglichen rücken. Prototypen solcher Konstruktionen wurden bereits von JVC und Sony vorgestellt *(Abb. 3.13.1* und *Abb. 3.13.2)*, ihre Daten sind in *Tab. 10* enthalten.

Eine wichtige Rolle bei der Entwicklung derartiger Geräte spielen neue Kopftechnologien. Durch UV-Fotolithografie lassen sich Dünnfilmköpfe mit mehreren übereinanderliegenden Kopfpaketen in großen Stückzahlen und mit sehr hoher Genauigkeit herstellen. *Abb. 3.13.3* zeigt schematisch den Aufbau eines solchen Kopfes [26]. Auf diese Weise können die digita-

Abb. 3.13.1 Prototyp eines Kassettenrecorders von JVC, der Aufzeichnungen in beiden Richtungen gestattet

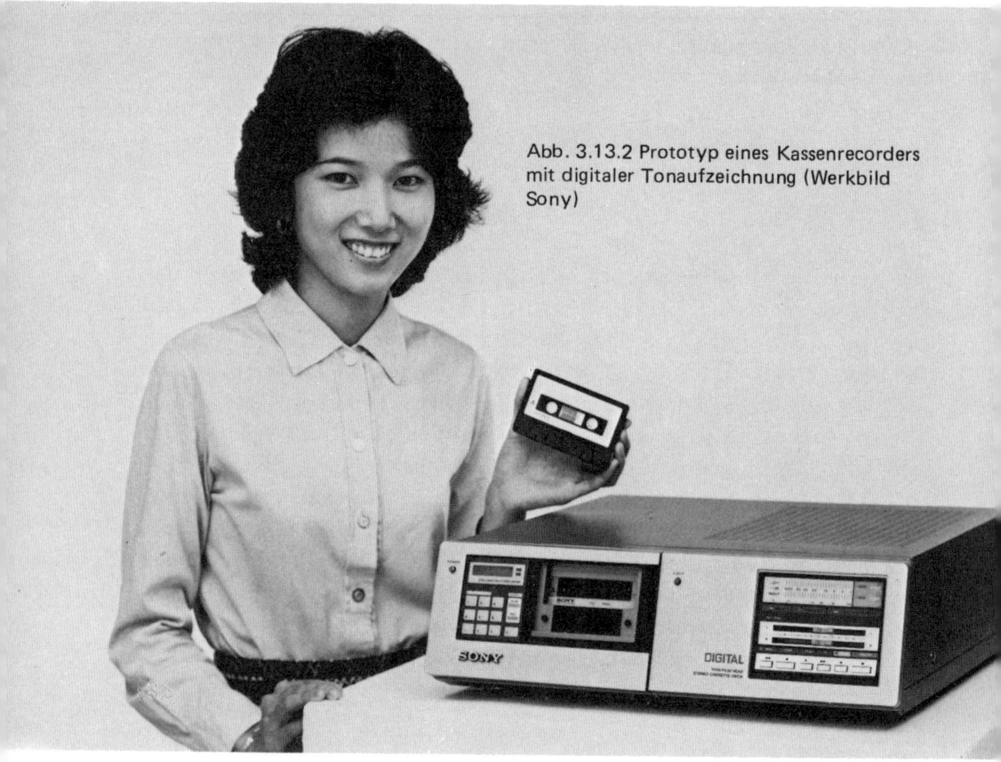

Abb. 3.13.2 Prototyp eines Kassenrecorders mit digitaler Tonaufzeichnung (Werkbild Sony)

Tabelle 10. Datenvergleich von zwei vorgeschlagenen Formaten für digitale Kassettenrecorder

Technische Daten	Digital-Kassettenrecorder (Sony)	Compactcassettensystem (JVC)
Bandmaterial	High-Density-Tape (Compactcassette)	Metallband
Bandgeschwindigkeit	4,75 cm/s	7,14 cm/s
Audio-Kanäle	2 (nur eine Richtung)	je 2 in beiden Richtungen
Spuranzahl	38 (32 x Daten, 6 x Steuersignale)[x)]	9 (je 8 Datenspuren, 1 Hilfsspur)
Bitrate	2,16 MB/s	1,0416 MB/s
Abtastfrequenz	44,1 kHz	33,6 kHz
Quantisierung	16 Bit, gleichförmig	12 Bit, 7-Segment-Kennlinie
Spurabstand	95 μm	240 μm
Spurbreite	75 μm	160 μm

x) Dynamische Spurnachführung

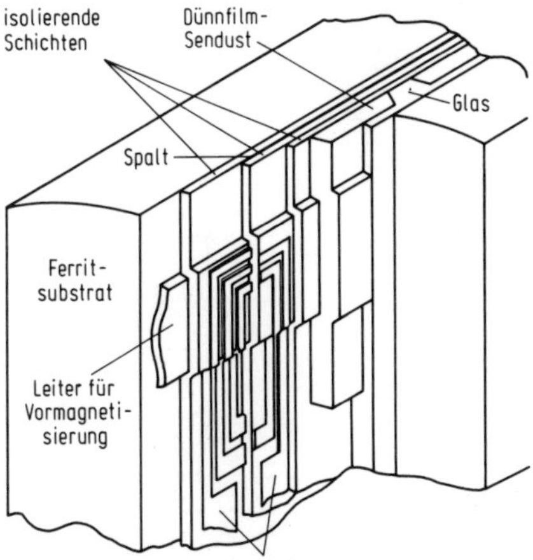

Abb. 3.13.3 Aufbau eines Dünnfilm-Aufnahmekopfes. Zur Verringerung des Aufsprechstromes wird mit einer 1MHz-Vormagnetisierung gearbeitet

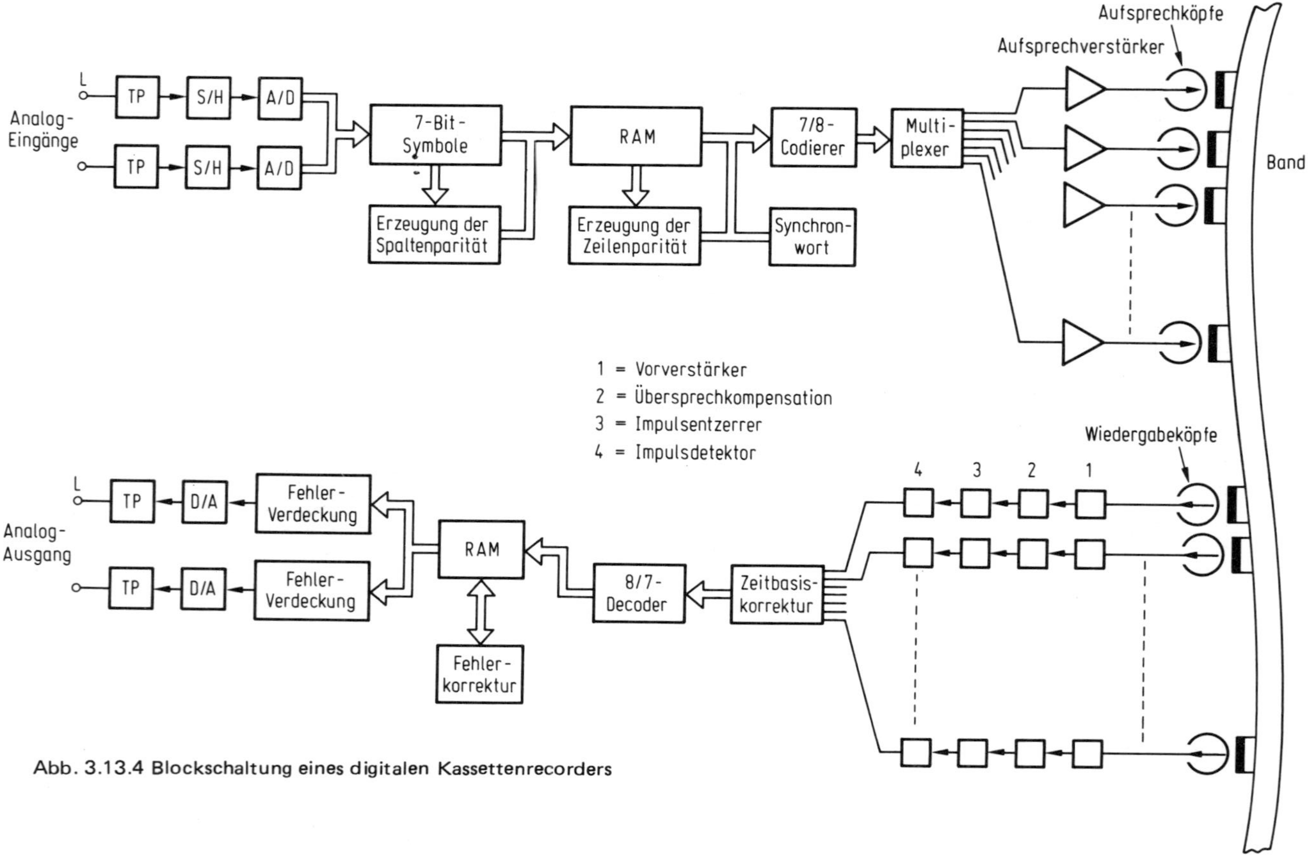

Abb. 3.13.4 Blockschaltung eines digitalen Kassettenrecorders

len Daten eines Kassettenrecorders auf mehrere parallele Spuren verteilt werden.

Nicht zu vergessen ist dabei, daß ein marktfähiges Gerät erst dann angeboten werden kann, wenn vorher eine Standardisierung erfolgt ist, die eine Massenfertigung integrierter Schaltungen wirtschaftlich sinnvoll macht. Wie die Blockschaltung eines Prototyps von Philips *(Abb. 3.13.4)* zeigt, ist immerhin pro Spur ein kompletter Satz von Signalaufbereitungsstufen notwendig [27].

Bereits auf das Jahr 1951 geht die Idee aus den Bell Laboratories zurück, statt der normalen Sprossenschrift bei der analogen Magnettonaufzeichnung ein anderes Prinzip zu verwenden, die sog. Senkrechtaufzeichnung (Perpendicular Recording). Ihre ausgeprägt nichtlinearen Eigenschaften ließen sie bald in Vergessenheit geraten; im Zeitalter der digitalen Tonaufzeichnung kommt ihr nun neue Bedeutung zu.

Anstelle der üblichen Aufnahmekopf-Spaltbreiten von 1,5 μm bis etwa 5 μm weist der Kopf dieses Verfahrens ein Spalt von ca. 0,3 μm Breite auf. Er bewirkt u.a. neben einem völlig anderen Verlauf des Aufnahme-Magnetfeldes einen schnellen Feldabbau vor dem Kopf und reduziert damit die Selbstentmagnetisierung. Ein für dieses Verfahren geeignetes Magnetband muß allerdings eine höhere Koerzivität haben.

Die Senkrechtaufzeichnung stellt eine enorme Steigerung der Packungsdichte in Aussicht. Zum Vergleich: Eine digitale Aufzeichnung im VHS-System hat eine Packungsdichte von rd. $68 \cdot 10^6$ $\text{Bits/}_{\text{Inch}^2}$ (104 kBits/mm^2); eine Senkrecht-Aufzeichnung gestattet dagegen eine Packungsdichte von $2{,}6 \cdot 10^9$ $\text{Bits/}_{\text{Inch}^2}$ (4 MBits/mm^2) auf einer Spurbreite von etwa 400 μm. Damit werden Bits in einem solchen Maße billiger, daß man sogar daran denken könnte, anstatt aufwendige Fehlerkorrekturschaltungen zu verwenden, mit 300% Redundanz zu arbeiten [28]. Dennoch dürfte grundsätzlich die in der Praxis erreichbare Präzision, etwa für einen Mini-Digitalrecorder mit einigen 10 Spuren je Nf-Kanal, über Sieg oder Niederlage eines Konzeptes entscheiden.

Bei der longitudinalen Aufzeichnung von Audiosignalen setzt sich die Aufzeichnungsdichte aus der linearen Dichte (Bits pro Millimeter Spurlänge) und der Spurendichte (Digitalspuren je Millimeter Magnetbandbreite) zusammen. Sie kann daher durch Verbesserung beider Größen erhöht werden. Die lineare Dichte ist unmittelbar abhängig von der Spaltbreite; sie läßt sich durch Anwendung von Methoden aus der Videokopf-Fertigung verringern.

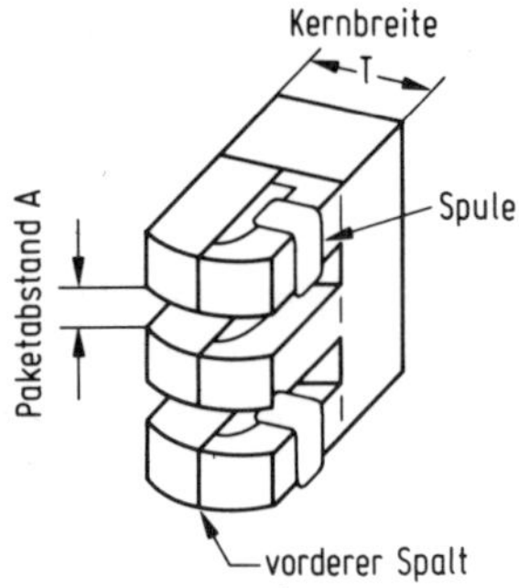

Abb. 3.13.5 Einkristall-Ferritkopf für die digitale Aufzeichnung

Auch die erreichbare Spurendichte ist eng mit der Kopfkonstruktion verbunden. Der Ferritkopf in *Abb. 3.13.5* hat zwar Ähnlichkeit mit dem Videokopf einer rotierenden Kopftrommel, wurde jedoch in Form und Permeabilität für die digitale Aufzeichnung optimiert. Er weist z.B. keine zusätzlichen Seitenspalte auf und läßt sich aufgrund der einfachen Form leichter fertigen. Die Übersprechwerte innerhalb des Kopfes werden stark von der Kernbreite T bestimmt; wenn sie auf etwa 2 mm verringert werden kann, ist nur noch ein Spurrasen von 0,1 mm bei der Aufzeichnung erforderlich.

Die Verwendung von Magneto-Resist-Element-(MR-)Dünnfilm-Wiedergabeköpfen in professionellen Recordern dürfte ebenfalls neue Wege eröffnen. Da das UV-Lithografieverfahren etwa zehnfach höhere Genauigkeit erlaubt, die Kopfempfindlichkeit wesentlich größer ist und das Übersprechen sehr viel geringer als bei konventionellen Köpfen, läßt sich die Anzahl der Nf-Kanäle beträchtlich steigern; ein 48-Kanal-Recorder mit 76 cm/s Bandgeschwindigkeit und 1/2-Zoll-Magnetband wurde bereits angekündigt [29].

Digitale Mischpulte und periphere Effekteinrichtungen werden erst dann größere Verbreitung finden, wenn speziell auf die Audiotechnik zugeschnittene, standardisierte integrierte Schaltungen zur Verfügung stehen. Das hohe Qualitätsniveau der digitalen Speicher übt dabei rückwirkend einen Einfluß auf die Anforderungen an die Bearbeitungsgeräte aus. Es dürfte in naher Zukunft auch nicht ungewöhnlich sein, wenn ein digitaler Klangsynthesizer über eine digitale Standardschnittstelle verfügt und damit unmittelbaren Anschluß an das digitale Mischpult gestattet.

Die Aussichten für eine baldige Standardisierung der wichtigsten digitalen Formate und Kenngrößen sind günstig, denn die Unterhaltungselektronik ist auf die Programm-Software und ihre Austauschbarkeit angewiesen. Nicht nur für den Insider erkennbar, widmet sich die Industrie mit beträchtlicher Anstrengung der Einführung digitaler Methoden in Bereichen, die bisher der analogen Tontechnik vorbehalten waren; das Innovationstempo der letzten Jahre ist ein deutliches Zeichen dafür.

Mit der Massenfertigung von digitalen Nur-Wiedergabe-Tonträgern wächst der Bedarf an Aufzeichnungs- und Bearbeitungseinrichtungen für digitale Programme; daneben eröffnet die qualitativ hochwertige und störungsfreie Übertragung der codierten Daten neue Möglichkeiten für die gesamte Kommunikationstechnik. Wie weit diese genutzt werden, ist freilich nicht allein eine Entscheidung der Techniker.

Literaturhinweise

[1] *Tröndle, K.:* Einführung in die Puls-Code-Modulation. Oldenbourg-Verlag, 1974, S. 17.

[2] *Steinbuch, K., Rupprecht, W.:* Nachrichtentechnik. Springer-Verlag, 1967, S. 328.

[3] *Shannon, C.E.:* A mathematical theory of communication. Bell Syst. Techn. J., Bd. 27, 1948.
und
Shannon, C.E.: Communication in the presence of noise. Proc. IRE, Bd. 37, 1949.

[4] *Blesser, B.:* Digitization of Audio. Journal of AES, Bd. 26, 1978.

[5] *Korte, W., Bluethgen, B.:* Investigation Procedure to Obtain Perception Limits of Filter-Related Sonic Degradations. Vortrag z. 67. AES-Convention, 1980.

[6] Firmenschrift Fa. Intech, 1979.

[7] *Arai, T. et al.:* Digital Audio-Video Combination Recorders. Vortrag z. 69. AES-Convention, 1981.

[8] *Plenge, G.H., Jakubowski, H., Schöne, P.:* Which Bandwidth is necessary for Optimal Sound Transmission. AES-Preprint No. 1449, 62. Convention, 1979.

[9] Digital/Analog-Wandler, Grundlagen und Anwendung. Valvo Technische Information Nr. 791221.

[10] *Winckel, F.:* Technik der Magnetspeicher. Springer-Verlag, Berlin.

[11] *Gilchrist, N.H.C.:* A/D und D/A Converters for High Quality Sound. AES-Preprint No. 1583, 65. Convention, 1980.

[12] *Doi, T.:* Channel Codings for Digital Audio Recordings. AES-Preprint No. 1856, 70. Convention, 1980.

[13] *Furukawa, T. et al.:* A New Run Length Limited Code. AES-Preprint No. 1839, 70. Convention, 1981.

[14] *Fukuda, G. et al.:* On Dropout Compensation of PCM Systems. AES-Preprint No. 1354, 60. Convention, 1978.

[15] *Doi, T.:* Crossword Code for Digital Audio Recorders. Sony Reports on Digital Audio Technology, Vol. II, 1980.

[16] *Ishida, J. et al.:* A PCM Digital Audio Processor for Home Use VTR's. AES-Preprint No. 1528, 64. Convention, 1979.

[17] *Hamming, R.W.:* Error detecting and error correcting codes. Bell Syst. Tech., H. 2, S. 147 . . . 160, 1950.

[18] *Tanaka, K. et al.* Improved Two Channel PCM Tape Recorder for Professional Use. AES-Preprint No. 1533, 64. Convention, 1979.

[19] *Fujimoto, M. et al.:* Large Scale Integrated Circuits for PCM Audio Processors. AES-Preprint No. 1798, 69. Convention, 1981.

[20] *Lagadec, R., Doi, T.:* A Digital Interface for the Interconnection of Professional Digital Audio Equipment. AES-Preprint No. 1883, 71. Convention, 1982.

[21] *Weisser, A.:* A Digital I/O Interface Suitable for Broadcasting Use. AES-Preprint No. 1738, 68. Convention 1981.

[22] Vortragsnotizen zur 71. AES-Convention, 1982.

[23] *Jones, M.:* Processing Systems for the Digital Audio Studio. Vortrag z. AES Digital Audio Conference, 1982.

[24] *Skritek, P.:* Design Factors fo Digital Filters for Audio Signals. AES-Preprint No. 1744, 68. Convention, 1981.

[25] *Moorer, J.:* The Audio Processor: The Next Step in Digital Audio. Vortrag z. AES Digital Audio Conference, 1982.

[26] *Sekiya, T. et al.:* Digital Audio Compact Cassette Deck with Thin Film Head. AES-Preprint No. 1859, 71. Convention, 1982.

[27] *van Gestel, W.J. et al.:* A Multi-Track Digital Audio Recorder for Consumer Applications. AES-Preprint No. 1832, 70. Convention, 1981.

[28] *Lemke, J.:* The State-of-the-Art in High Density Magnetic Recording. Vortrag z. AES Digital Audio Conference, 1982.

[29] *Doi, T.:* A Design of Professional Digital Audio Recorder. Vortrag z. 71. AES-Convention, 1982.

Weitere Literatur:

Sebestyen, L.G.: Digital Magnetic Tape Recording for Computer Applications. Chapman and Hall.

Shu Lin: An Introduction to Error Correction Codes. Prentice Hall, 1970.

Rabiner, Gold: Theory and Application of Digital Signal Processing. Prentice Hall, 1975. ISBN 0-13-914101-4.

Lacroix, A.: Digitale Filter. R. Oldenbourg, München, 1980.

Sachverzeichnis